Divaldo Domingos Da Silva

Estrategia para el diseño de redes de drenaje pluvial

Aplicación de modelos matemáticos

PUBLICIA

Impressum / Aviso legal
Bibliografische Information der Deutschen Nationalbibliothek: Die Deutsche Nationalbibliothek verzeichnet diese Publikation in der Deutschen Nationalbibliografie; detaillierte bibliografische Daten sind im Internet über http://dnb.d-nb.de abrufbar.

Información bibliográfica de la Deutsche Nationalbibliothek: La Deutsche Nationalbibliothek clasifica esta publicación en la Deutsche Nationalbibliografie; los datos bibliográficos detallados están disponibles en internet en http://dnb.d-nb.de.

Coverbild / Imagen de portada: www.ingimage.com

Verlag / Editorial:
PUBLICIA
ist ein Imprint der / es una marca de
OmniScriptum GmbH & Co. KG
Heinrich-Böcking-Str. 6-8, 66121 Saarbrücken, Deutschland / Alemania
Email / Correo Electrónico: info@editorial-publicia.com

Herstellung: siehe letzte Seite /
Publicado en: consulte la última página
ISBN: 978-3-639-64978-9

Zugl. / Aprobado por: La Habana, Instituto Superior Politecnico Jose Antonio Echeverria, Tesis Doctoral, 2015

Divaldo Domingos Da Silva

Estrategia para el diseño de redes de drenaje pluvial

DEDICATORIA

Esta investigación se la dedico a mi familia, en especial a mis hijos Dennis Divaldo Gussi da Silva, Dilson Divaldo Gussi da Silva, Dário Divaldo Gussi da Silva y Diana Diva Gussi da Silva, que son los que me dan mucha fuerza para superar todos los obstáculos, a mi esposa Berta Belmira Gussi da Silva, por aguantarme y quererme siempre, a mi madre que me da la luz que ilumina el camino y mis hermanos que siempre están a mi lado en todos los momentos difíciles.

AGRADECIMIENTOS

Quiero agradecer a mis tutores, Dr. Gerardo Jiménez, Dr. Yoel Martínez, Dr. Emilio Escartín, por la paciencia y dedicación que han tenido, a mis amigos Msc. Norberto Delgado Pino y Msc. Rosa María Méndez por brindarme sus apoyos incondicionales, a Msc. Zenilda Leila do Amaral Mandinga de UTGSL, por darme todo su apoyo; en fin, a todos de los miembros del Dpto. de Ing. Vial de la CUJAE, que me han ayudado en esta etapa tan difícil e importante en mi vida.

A todos gracias.

PENSAMIENTOS

La crisis según Albert Einstein

´´ No pretendamos que las cosas cambien, si siempre hacemos lo mismo.

La crisis es la mejor bendición que puede sucederle a personas y países, porque la crisis trae progresos. La creatividad nace de la angustia, como el día nace de la noche oscura. Es en la crisis que nace la inventiva, los descubrimientos y las grandes estrategias. Quien supera la crisis, se supera a si mismo sin quedar`` superado´´.

Quien atribuye a la crisis sus fracasos y penurias, violenta su propio talento y respeta más a los problemas que a las soluciones. La verdadera crisis, es la crisis de la incompetencia. El inconveniente de las personas y los países es la pereza para encontrar las salidas y soluciones. Sin crisis no hay desafíos, sin desafíos la vida es una rutina, una lenta agonía. Sin crisis no hay méritos. Es la crisis donde aflora lo mejor de cada uno, porque sin crisis todo viento es caricia. Hablar de crisis es promoverla, y callar en la crisis es exaltar el conformismo. En vez de esto, trabajemos duro. Acabemos de una vez con la única crisis amenazadora que es la tragedia de no querer luchar por superarla´´

SÍNTESIS

La posibilidad de combinar los modelos digitales de elevación de escalas adecuadas, obtenidos a partir de datos de diferentes fuentes, vinculados a los modelos de simulación hidrológica – hidráulicos ante intensas lluvias, nos permite tener una mejor percepción de los escurrimientos y con eso dar una mejor respuesta a los diseños de redes de drenaje pluvial en ambientes urbanos. En el presente trabajo se propone una estrategia para el diseño de redes de drenaje pluvial a partir de la aplicación de las herramientas de modelación matemática para ser aplicada en la ciudad de Luanda, capital de la Republica de Angola.

TABLA DE CONTENIDOS Pág.

INTRODUCCIÓN

En las últimas décadas la ciudad de Luanda, capital de Angola, ha crecido desordenadamente, en un contexto con dificultades para su planificación y gestión normales. Como es conocido, la guerra civil posterior a la independencia, interrumpida algunos años en la década de los años '90, acaba de terminar, de manera definitiva, en 2002.

Hoy en día existe la creencia generalizada de que es necesario corregir la evolución urbanística, condicionada en las últimas décadas por factores financieros y organizativos que surgieron de los conflictos armados, que se tradujeron en escasez de recursos y el aumento de la presión demográfica en la ciudad de Luanda.

Esta presión fue el resultado de una migración a Luanda, proveniente de todo el país, y con un poco más de énfasis desde el Norte. En las últimas décadas, Luanda creció de 560 mil habitantes en 1974 hasta alrededor de 6 millones de habitantes en 2007, de acuerdo con lo estimado. En el año 2014 en el país se realizó un Censo de Población y vivienda, cuyos resultados serán conocidos con posterioridad. No obstante, considerando una reducción de la tasa del crecimiento a niveles moderados, como consecuencia de una reducción de las migraciones producto de un mejor nivel socio - económico en la capital y en otras partes del país, se estima que para el año 2025 la población en la capital alcance valores del orden de 13 millones, lo que, para el ranking mundial actual de las ciudades, catapultaría Luanda a una de las diez ciudades más pobladas del mundo (SOGREAH-COBA 2007).

Este marco poblacional es muy pertinente para un nuevo diseño del sistema de drenaje pluvial de la ciudad, en la medida que es conocido que el estado actual de la infraestructura de drenaje pluvial de la ciudad ha sido diseñada para una población mucho menor que la actual. A pesar de los esfuerzos, es preciso actuar con rapidez y de manera concertada para garantizar la operatividad de la ciudad.

El reto para los próximos años es acompañar el crecimiento de la población y sanar las patologías o afectaciones que se podrán generar:

- **Recuperar la infraestructura existente en el centro de la ciudad de Luanda.** El sistema actual es de tipo unitario y los colectores existentes presentan varios problemas, como obstrucción parcial o total. Estas obstrucciones son el resultado de un mal control en la recogida de los residuos, en particular la falta de sumideros con dispositivos que impidan la entrada de los residuos sólidos.
- **Dotar a la zona periférica de sistemas de drenaje de aguas pluviales**. La periferia de Luanda se caracteriza por tener una superficie con pequeñas pendientes y, a veces, con algunas zonas de depresión, donde el agua de lluvia permanece estancada por mucho tiempo.
- **Proveer áreas periféricas con sistemas separativos con la recolección de aguas residuales domésticas**, en línea con el objetivo principal de lograr altos estándares de calidad del servicio y del medio ambiente. La intervención prioritaria en estas áreas debe estar vinculada a la idoneidad de los mismos.
- **Proteger a la bahía de Luanda de los efectos nocivos de las descargas de aguas residuales domésticas y equivalentes**. Valorar

una red global de saneamiento que proteja el medio ambiente de las emisiones no deseadas.

- **Proporcionar a la ciudad de una serie de obras de tratamiento de aguas residuales**, que permitan encarar el lanzamiento de estas aguas en el medio receptor (el mar), con los niveles recomendados de la calidad ambiental.

Junto con el desarrollo económico del país, el progresivo aumento de la importancia de Angola como productor mundial de petróleo, asociado con el aumento de precios en los últimos años, dota al país de disponibilidad para la creación de infraestructuras que permitan un desarrollo social importante y sostenible. En este sentido, el saneamiento no es una excepción, por lo que los objetivos actuales de los organismos públicos pasan por dotar a la ciudad de sistemas modernos, capaces de satisfacer las exigencias de una ciudad que pretende ser referencia en términos continental e incluso mundial, en un breve plazo de tiempo.

Situación problemática

La cobertura de información estadística sobre la demografía y el medio ambiente del territorio de Angola es desde hace muchos años bastante deficiente. Sin embargo, como en la generalidad de los países africanos, existen enfermedades de origen hídrico, causantes muchas veces de altas tasas de mortalidad en todo el territorio de estos países, y esto no excluye a Angola. Estas enfermedades son infecciones transmitidas al hombre por el contacto con agua contaminada por microorganismos nocivos que necesitan *huéspedes intermediarios* para completar su desarrollo. Las principales enfermedades hídricas son: fiebre tifoidea, cólera, hepatitis, amebiasis, giardiasis, gastroenteritis, leptospirosis, entre otras.

Las consecuencias de la ausencia de sistema de drenaje pluvial adecuado y de estrategias para el diseño de redes de drenaje pluvial, utilizando las herramientas de la modelación matemática son notablemente visibles en Luanda, trayendo como consecuencia: gran deterioro de las vías urbanas, estancamiento de agua en numerosos tramos de las vías, contaminación del suelo, contaminación de aguas superficiales y subterráneas, una alta polución atmosférica, así como evidentes efectos asociados a la erosión del suelo.

Además de eso, existe un sostenido y desorganizado crecimiento poblacional y de las áreas ocupadas, ya que en un periodo de 20 años se han triplicado las áreas ocupadas de manera extensiva (años '80, 165 km^2 y al inicio de 2000, cerca de 485 km^2) (de Almeida 2011), (SOGREAH-COBA 2007). En este marco se encuentra el barrio de Marçal, que presenta una ausencia prácticamente total de sistemas de saneamiento, tanto de aguas pluviales como para residuales. Este barrio, con 76 hectáreas de extensión, presenta un gran problema en periodos de lluvias, con la ocurrencia de inundaciones constantes en gran parte de su extensión territorial. Casi la totalidad del sistema vial se encuentra sin pavimentar, lo que dificulta el escurrimiento superficial natural. En este particular, por ser el barrio de Marçal característico de la situación existente en Luanda, es objeto de interés de la Unidad Técnica de Gestión y Saneamiento de Luanda, que ha hecho un anteproyecto de intervención para mejorar la red de drenaje pluvial de Marçal (UTGSL 2012). Por esta razón en este trabajo será enfocada la atención sobre el barrio Marçal, a fin de introducirlo como caso de estudio.

Problema de la Investigación

¿Cuál ha de ser la estrategia, aplicable en un escenario típico de los barrios de la ciudad de Luanda, donde partiendo de una inevitable escasez de datos, adquiridos además de diversas fuentes de origen, sea posible crear una adecuada base de datos espaciales y temporales correspondiente al área de estudio; diagnosticar el estado actual del barrio objeto de estudio; hacer el diseño de una propuesta de red de drenaje pluvial racional y verificar el diseño propuesto, mediante la utilización de técnicas de simulación apropiadas?

Objeto de Estudio

Modelación matemática aplicada al diseño y verificación de redes de drenaje pluvial.

Campo de la Investigación

Diseño y verificación de redes de drenaje pluvial empleando diferentes técnicas de modelación matemática, articuladas en una estrategia adaptada a condiciones de la ciudad de Luanda para el diseño de este tipo de sistemas, y su aplicación en el barrio Marçal como caso de estudio.

Objetivo general

Elaborar una estrategia para el diseño y verificación de redes de drenaje pluvial empleando modelación matemática para su aplicación en la ciudad de Luanda, y aplicarla al barrio Marçal como caso de estudio.

Hipótesis

A partir de la construcción de un modelo digital del terreno usando herramientas de modelación espacial, del conocimiento de los patrones de precipitación, determinados con herramientas de modelación temporal, articuladas con herramientas de modelación hidrológica e hidráulica, se puede establecer una estrategia para el diagnóstico, diseño y verificación de redes de drenaje pluvial con enfoque multidisciplinario, que satisfaga los requisitos de diseño racional y que se adecue a las condiciones de los barrios de la ciudad de Luanda.

Variables independientes: Modelo digital del terreno (incluye características fisiográficas y morfométricas del área de estudio, uso de suelos, ubicación y características de los sumideros, y trazado de la red vial), modelos temporales de precipitación, en forma de hietogramas (hietogramas reales o hietogramas obtenidos para una probabilidad o período de retorno determinado).

Variables dependientes: Escurrimiento, en forma de hidrogramas y la red de drenaje pluvial diseñada, que encauce dicho escurrimiento.

Objetivos específicos

1. Elaborar un procedimiento para la construcción del modelo digital del terreno (MDT) del área de estudio, a la escala adecuada, a partir de fuentes de datos independientes, que sirva de base confiable para los procesos de modelación del drenaje pluvial y del sistema de drenaje pluvial.
2. Elaborar un procedimiento que, partiendo de las herramientas de modelación espacial y temporal, permita diagnosticar el estado actual del área objeto de estudio para disponer de criterios sobre los peligros de inundaciones ante lluvias intensas.
3. Establecer criterios de selección de las herramientas para el diseño racional y la verificación de la red de drenaje pluvial y de los sistemas de drenaje pluvial.

4. Elaborar un procedimiento para la simulación de la red de drenaje pluvial propuesta a partir del diseño racional del punto anterior.
5. Aplicar la estrategia elaborada en un caso de estudio, para lo que fue escogido el barrio Marçal, en la ciudad de Luanda, haciendo un análisis económico a partir de los resultados obtenidos en la modelación, en comparación con la propuesta de la UTGSL.

Tareas de la investigación

1. Realizar una investigación bibliográfica permanente sobre el tema abordado.
2. Identificar los requisitos que debe cumplir un MDT que sirva de base para la simulación de los procesos hidrológicos e hidráulicos en un entorno urbano.
3. Elaborar la estrategia que satisfaga el diseño de redes de drenaje pluvial, empleando la modelación matemática, para su aplicación en la ciudad de Luanda.
4. Recopilar, analizar y sintetizar la información topográfica, que sirva de base a la construcción del modelo digital del terreno (MDT) del área de estudio.
5. Construir el MDT del área objeto de estudio: el barrio Marçal, que cumpla con los requisitos establecidos.
6. Simular mediante herramientas de simulación hidrológica e hidráulica el escurrimiento por las calles, para diagnosticar las posibles áreas de inundación.
7. Recopilar, analizar y sintetizar la información hidrológica e hidráulica, y utilizarla para construir mapas de peligro de inundación, como diagnóstico del área de estudio.

8. Realizar un estudio sobre los métodos de cálculo estándar y los modelos matemáticos disponibles, y seleccionar las herramientas para diferentes usos, como son el diseño racional de obras de drenaje pluvial, la verificación de obras de drenaje pluvial y otras que resulten de utilidad.
9. Realizar el diseño de una red de drenaje pluvial propuesta para resolver el problema del drenaje pluvial del área objeto de estudio.
10. Verificar el comportamiento de la red de drenaje pluvial propuesta, a partir de herramientas de simulación, preestableciendo diferentes escenarios como estrategias de calibración.
11. Calcular los costos asociados al diseño de la nueva red de drenaje pluvial propuesta para el caso de estudio.
12. Evaluar técnica y económicamente las soluciones generadas por la UTGSL y los resultados obtenidos con la implementación de la estrategia propuesta.
13. Escritura de la Tesis.

Métodos de investigación.

Dentro de los métodos de investigación teóricos empleados se encuentran:

- ***Método histórico-lógico***: Por medio de este método se realizará un estudio del estado del arte, permitiendo desarrollar un marco teórico referencial del drenaje pluvial urbano, la modelación digital del terreno, así como hidrológica e hidráulica y el empleo de herramientas computacionales para el diseño y verificación de los sistemas de drenaje pluvial.
- ***Método de análisis y síntesis***: A través de este método, se podrá analizar cada uno de los requisitos que debe cumplir y los factores que intervienen en la confección de los modelos digitales de terreno (MDT). De igual forma se

analizarán aquellos aspectos técnico-económicos relacionados con el diseño de redes de drenaje pluvial.

- ***Método de la modelación***. La modelación consiste en sustituir el objeto de investigación por un modelo, el cual representa un reflejo ideal de la realidad y se sustenta en la lógica de la ciencia. Se emplearán modelos espaciales, temporales, modelos hidrológicos e hidráulicos para simular el comportamiento de sistemas reales de mayor complejidad.
- ***Método de Inducción-deducción***: Se realizaron entrevistas informales, que permitieron identificar áreas críticas de inundación en la zona de estudio escogida .A partir de las entrevistas realizadas se infirieron algunos indicadores y elementos relacionados con el tema objeto de estudio.
- ***Método sistémico***. El método sistémico de investigación tiene como propósito modelar el objeto mediante el estudio integrado de sus partes componentes así como de las relaciones entre ellos. Se investiga por un lado la estructura y por otro lado su desarrollo. Con la integración de modelos, un modelo espacial con un modelo temporal, se integra la sinergia de ambos modelos para simular el comportamiento de un sistema mucho más complejo y más cercano a la realidad.
- ***Método hipotético-deductivo***: Su esencia consiste en plantear aseveraciones en forma de hipótesis para intentar la explicación de los datos y hechos acopiados y luego comprobarlas deduciendo, junto con conocimientos ya acumulados, conclusiones que son confrontadas con nuevos hechos y datos.

Dentro de los métodos de investigación empíricos se encuentran:

- ***Método de observación:*** Se empleó para consolidar conocimientos y criterios acerca del tema investigado, empleándose una observación externa delimitando el grado de coincidencia entre el sujeto y el objeto de la investigación, según el grado de intervención del investigador. Este método permite al investigador involucrarse en el fenómeno que investiga y poder elaborar teorías o procedimientos que inciden sobre el sistema estudiado. Se aplicó el método de observación a partir de fotos tomadas por el autor de esta investigación, y mediante recorridos por la zona para la validación visual de patrones de flujo en las calles.

Además, se utilizaron ***métodos matemáticos*** en la modelación digital del terreno y en la determinación del proceso de transformación lluvia – escorrentía; así como en la propagación del agua proveniente de la lluvia mediante las ecuaciones de tránsito hidráulico. Este método permitió decidir si el sistema diseñado presentaba o no insuficiencias durante su verificación. Finalmente se emplearon cálculos económicos para determinar el costo de la red para los criterios de diseño establecidos.

Además se utilizaron procedimientos estadísticos, como la ***estadística descriptiva***, que permiten obtener relaciones y tendencias de las propiedades del objeto de estudio, mediante el cálculo de la media, la moda, la desviación estándar y la construcción de gráficos de frecuencia; y los de la ***estadística de inferencias***, que se aplican para interpretar y valorar las magnitudes de las variables del objeto de estudio, determinando su probabilidad de ocurrencia, utilizando las regresiones lineal o múltiple, el análisis de correlación, las superficies de tendencias, la prueba ji cuadrado (χ^2) y otras.

Publicación de resultados obtenidos en la Tesis

Se han hecho dos publicaciones con los resultados de la presente investigación:

1. Creación del modelo digital de elevaciones de una zona urbana para la simulación hidrológica. (Da Silva, Escartín et al. 2014a).
2. Estimación de caudales máximos en una cuenca urbana de Luanda. (Da Silva, Martínez et al. 2014b).

Novedad Científica

Esta tesis aborda el problema del diseño y verificación de redes de drenaje pluvial para evitar inundaciones localizadas en cuencas urbanas. Permite establecer una nueva visión basada en el uso de modelos computacionales de simulación, articulados a una base de datos espaciales y temporales para el diseño y verificación de redes de drenaje pluvial urbano, teniendo en cuenta que en el marco de la actual investigación, en el caso angolano aún se aplican criterios y métodos de alcance limitado y en ocasiones válidos para condiciones hidrológicas no precisamente adaptables al entorno de Luanda.

La novedad científica se expresa en el desarrollo y aplicación de la propuesta de una estrategia que integre modelos digitales de terreno, modelos hidrológicos temporales de la lluvia local, y modelos matemáticos hidráulicos, para solucionar los problemas del diseño y verificación de redes de drenaje pluvial, y que sirva de punto de partida para que los especialistas actualicen sus criterios en cuanto al diseño y racionalización de este tipo de infraestructuras de saneamiento. La definición precisa de criterios para la valoración y representación espacial de la peligrosidad por inundaciones pluviales en calles es un aspecto novedoso del trabajo y de aplicación inmediata en los proyectos de diseño, análisis y verificación de sistemas de drenaje pluvial urbano para la ciudad de Luanda.

Estructura de la tesis

La tesis está estructurada de la siguiente manera:

- Introducción
- Capítulo I. Revisión bibliográfica y estado del arte
- Capítulo II. Elaboración de una estrategia para el diseño de redes de drenaje pluvial, empleando la modelación matemática, para su aplicación en la ciudad de Luanda
- Capítulo III. Implementación de la estrategia propuesta a un caso de estudio: barrio Marçal, Luanda, Angola.
- Conclusiones finales
- Recomendaciones finales
- Referencias Bibliográficas
- Anexos

CAPÍTULO I. REVISIÓN BIBLIOGRÁFICA Y ESTADO DEL ARTE

1.1 Concepto de modelo y modelos del terreno. Evolución histórica

Según (Calzas 2013), un modelo "...es un objeto o un concepto que es utilizado para representar algo más. Es una porción de la realidad de escala reducida y convertida a una forma que podemos comprender". La construcción de modelos, o modelación, es una técnica de síntesis para ayudar a estudiar y comprender los sistemas y fenómenos complejos.

La modelación del terreno es un proceso destinado a la obtención de modelos de la superficie del terreno. Es interesante que el primer libro sobre modelación del terreno, titulado "Terrain Modeling in Surveying and Civil Engineering", publicado por Whittles Publishing (Reino Unido) y editado por el Prof. Petrie, de la Universidad de Glasgow, junto con su ex alumno Tom Kennie, apareció en 1990, luego de 30 años de desarrollo del modelo digital de terreno (Cea 2009).

Una de las más antiguas y efectivas maneras de representar el terreno son los mapas y todavía hoy son muy utilizados. Como lenguaje y medio de comunicación, los mapas han jugado un importante papel en el desarrollo de la sociedad. En la antigüedad, fueron utilizadas descripciones semi-simbólicas y semi-pictóricas para representar la superficie real tri-dimensional del terreno. En aquellos momentos, la cualidad métrica también era muy baja. Los mapas modernos, en cambio, utilizan un sistema simbólico bien diseñado y un basamento matemático bien establecido para las representaciones, lo que conduce a que los mapas actuales posean tres características principales:

1. Mensurabilidad, garantizada por las reglas matemáticas.
2. Visión general, proporcionada por la generalización.
3. Intuición, dada por la simbolización.

Con el desarrollo de la tecnología informática, la matemática moderna y los gráficos por computadora, se han desarrollado, desde mediados del siglo XX, diversas técnicas de representación digital del terreno. Las representaciones de las superficies del terreno en forma digital pueden ser expresadas de manera matemática o de manera gráfica. Los polinomios y las series de Fourier son representaciones matemáticas. Las mallas regulares, las mallas irregulares, las curvas de nivel y los diagramas de secciones o perfiles son representaciones gráficas. Ver Anexo 1.

Existen también algunas ambigüedades relacionadas con los términos empleados para denotar los modelos del terreno. En un sentido, el término Modelo Digital del Terreno, MDT (DTM, por el inglés Digital Terrain Model) fue definido como una representación numérica (digital) del terreno, y acuñado por (González 2012). Sin embargo, han surgido numerosas alternativas para este nombre, por lo general, originadas en diferentes países y con ligeras inflexiones en sus definiciones, como son los MDE (Modelo Digital de Elevaciones, DEM, por el inglés Digital elevation Model), MDA, (Modelo Digital de Alturas o Altitudes, DHM, por el inglés Digital Height Model) o MDET (Modelo Digital de Elevación del Terreno, DTEM, por el inglés Digital Terrain Elevation Model). En la práctica, estos términos son utilizados como sinónimos y muchas veces en realidad lo son, pero a veces existen ligeras diferencias en su significado.

1.2 Modelo Digital del Terreno. Surgimiento y principales fuentes de obtención de los datos

El MDT surgió en el año 1958 en la elaboración de un proyecto de carretera en Puerto Rico por el Dr. Miller y sus alumnos (González 2012). El proyecto de carreteras mediante el empleo de la Fotogrametría fue el antecedente natural del surgimiento del MDT (Jiménez 1984).

a) Modelo Digital del Terreno a partir de datos fotogramétricos

En la actualidad, se realizan dos tipos de levantamientos fotogramétricos, basados en plataformas aéreas y satelitales. La Fotogrametría facilita la obtención de datos del terreno para el MDT, mediante dos procedimientos alternativos independientes que son:

- Mediante el empleo de equipos estéreorrestituidores de primero y segundo orden (Jiménez 1984), con precisiones de primero, segundo orden y superior, en el caso de la Fotogrametría Digital.
- Mediante la ortofoto, donde el principio de la transformación diferencial que consiste en la rectificación del modelo estereoscópico punto a punto de manera aproximada, facilita también con un adecuado método de registro y almacenamiento (Jacksic 1973), una fuente de información para el Modelo Digital del Terreno.

b) Modelo Digital del Terreno a partir de otras fuentes de datos

Las restantes fuentes de adquisición de datos son: los levantamientos topográficos tradicionales, taquimétricos, los levantamientos con GPS, los levantamientos de Radargrametría, los levantamientos de interferometría SAR, los levantamientos basados en láser, y finalmente, la digitalización de mapas existentes (Cea 2009). Cualesquiera que sean las fuentes pueden clasificarse, según su forma de ejecución, en manual y automatizada (Doyle 1978). En el Anexo 2 puede verse una comparación realizada por Li entre algunos métodos de adquisición de datos para construir los MDT.

1.2.1 Procesamiento del Modelo Digital de Terreno

En la construcción y procesamiento del Modelo Digital de Terreno se ha empleado un conjunto de procedimientos desde sus inicios hasta la actualidad, pudiendo considerarse como método matemático más moderno el que emplea como base la Geoestadística, que fue creado para interpolación de datos espaciales en el estudio de yacimientos de minerales, siendo extendido el método a la interpolación de numerosos atributos espaciales diferentes, entre ellos el relieve, con resultados altamente confiables (Li 2005). Entre los procedimientos que se utilizan para crear, refinar y evaluar los modelos de elevación, desde las versiones iniciales, hasta la versión final adoptada definitivamente, se encuentran:

a) Análisis geoestadístico estructural y construcción de variogramas del conjunto de todos los datos

Los métodos de la Geoestadística se emplean para analizar y describir los datos espaciales que serán sometidos a procesos de interpolación. Una de las herramientas fundamentales es el análisis estructural, que se realiza a partir de la construcción e interpretación de los variogramas (gráficos que expresan la variación del grado de diferencias entre pares de muestras con la distancia). Los variogramas permiten revelar el orden existente en los datos y cuando se construyen en diferentes direcciones, permiten identificar la existencia o no de anisotropía y las direcciones coincidentes con los ejes de mínima y máxima variabilidad, lo cual tiene importancia en la determinación de los pesos óptimos en los futuros procesos de interpolación por cualquiera de los métodos de Kriging (Golden_Software 2011), (Sánchez 2012a), (Barnes 2002). En el Anexo 3 se discute la construcción, tratamiento e interpretación de los variogramas. En el caso de la creación de MDT para usarlos en la modelación hidrológica es necesario que los datos de partida abarquen un área del orden del doble del área verdaderamente de interés.

b) Interpolación

La construcción de una malla regular de base cuadrada, o modelo raster, se hace mediante un proceso de interpolación matemática de los datos. El método de interpolación óptima proporcionado por la Geoestadística es el método de Kriging (Golden_Software 2011). Este se presenta en varias formas y su elección depende de los datos y los objetivos que se persiguen. En cualquiera de las variantes, es necesario tener en cuenta los resultados del análisis estructural, resumidos en los variogramas (Sánchez 2012a). La resolución espacial que se debe escoger para el modelo resultante no debe ser tan alta como la resolución definitiva deseada, ya que el modelo resultante debe ser sometido todavía a un proceso de suavización que destaque la tendencia general del relieve. Este paso de suavización producirá pérdidas de datos en las márgenes del modelo, lo que obliga a que el área cubierta por los datos y la interpolación deba ser más extensa que el área verdaderamente objeto de interés para el modelo final (Li 2005).

c) Filtración pasa bajas del modelo con resolución espacial baja

El propósito de cualquier filtración pasa bajas es eliminar las fluctuaciones (en este caso, espaciales) locales de pequeñas dimensiones (o lo que es lo mismo, de frecuencias altas) para suavizar las asperezas de las superficies. Como para una simulación interesa conservar esencialmente las tendencias de la superficie, este paso resulta no solo conveniente, sino prácticamente imprescindible (Alfonso 1983).

Para escoger el filtro más conveniente y el modo de aplicarlo se pueden hacer pruebas con algún software adecuado. El software Surfer, de Golden Software, es un ejemplo conveniente (Golden_Software 2011). Entre los filtros pasa bajas más utilizados para este proceso de filtración se encuentran los filtros gaussianos y los filtros de promediación, de diferentes tamaños. La experimentación puede incluir también la cantidad de veces que se aplica el filtro sobre el modelo. El propósito principal es utilizar un filtro pequeño, que produzca un modelo cuya representación sea suave y agradable a la vista, que elimine totalmente las fluctuaciones locales de alta frecuencia, con lo que a la vez destaque la tendencia de bajas frecuencias. Se debe tener en cuenta que cada aplicación del filtro produce una pérdida de datos en las márgenes del modelo resultante, por lo que aplicar el filtro una cantidad excesiva de veces acarrea una pérdida innecesaria de datos. La extensión del modelo original más allá del área verdaderamente de interés, asegura que al final del proceso de filtración, el modelo abarque justamente el área de interés o tal vez poco más. En el Anexo 4 se discuten los aspectos relacionados con el análisis de Fourier, los filtros pasa bajas y sus características.

d) Remuestreo del modelo para aumentar la resolución espacial del mismo

El remuestreo de un modelo con baja resolución para crear un modelo con mayor resolución espacial es un proceso que debe ser realizado con precaución, pues aunque desde el punto de vista práctico las herramientas de software existentes pueden realizar cómodamente esta operación, existen algunos inconvenientes teóricos asociados a este proceso. Sin embargo, en los casos en que se desea modelar una zona urbana, este paso resulta indispensable para asegurar que el modelo refleje el comportamiento de las entidades de pequeñas dimensiones espaciales presentes en el área estudiada. En particular, cuando el MDT corresponda a una zona predominantemente llana, con valores de mínimos y máximos de las cotas muy próximos, se admite el remuestreo sin muchos riesgos de crear rasgos espaciales artificiales espurios. Una vez que se ha obtenido el MDT de resolución espacial baja, se hace el remuestreo para obtener una nueva malla con alta resolución. Es necesario que este proceso de remuestreo se realice con una herramienta que asegure una interpolación adecuada entre los nodos del modelo de baja resolución. Generalmente, el remuestreo se hace mediante un proceso de interpolación bilineal (Blue_Marble_Geographics 2011).

e) Superposición de la red vial y las áreas construidas al modelo de elevaciones

Para dar el acabado al MDT en las simulaciones hidrológicas en entornos urbanos se hace necesario superponer las áreas construidas sobre la superficie del terreno. Este paso se puede hacer con mayor o menor grado de detalle, según los datos de que se disponga. Se puede trabajar con la ortofoto y considerar como espacio toda el área de las manzanas construidas, o bien individualizar cada edificación por separado (Li 2005). Esta consideración queda en manos de los especialistas, ya que de una misma ortofoto se pueden extraer rasgos con diferentes niveles de detalle del ambiente. Global Mapper es un buen ejemplo de software que soporta este tipo de operación (Blue_Marble_Geographics 2011).

f) Análisis de la compatibilidad del modelo con los datos cartográficos a escalas pequeñas

Considerando que los productos cartográficos a escalas pequeñas son relativamente abundantes y fáciles de obtener, es conveniente analizar la compatibilidad del MDT de alta resolución con los datos cartográficos a escalas pequeñas. Este análisis se puede hacer superponiendo las curvas de nivel del mapa a la escala pequeña sobre el MDT o construyendo las curvas de nivel a partir del MDT y comparando sus trazados con las de los mapas a escalas pequeñas, haciendo uso de algún software adecuado. Las diferentes resoluciones de ambos modelos entrañan la necesidad de aceptar discrepancias naturales, pero se deben rechazar las incompatibilidades groseras (Li 2005).

g) Validación recíproca

La validación recíproca es un método que se emplea cuando es imposible realizar la medición de las coordenadas X, Y y Z de nuevos puntos, después de haberse construido el modelo de elevaciones. Como resultado de la comparación entre las cotas observadas y calculadas, cuando se obtienen pequeñas diferencias (residuos) entre los valores observados y calculados, se tiene evidencia de la calidad del MDT. Otro indicio es la presencia de residuos positivos y negativos. La calidad de la validación se mejora en la medida que se utilicen más puntos y sean mejor distribuidos en el área de estudio. Global Mapper es un buen ejemplo de software que soporta este tipo de análisis (Blue_Marble_Geographics 2011).

h) Evaluación estadística de residuos

La evaluación de residuos es el método matemático e ingenieril más objetivo para evaluar la calidad del modelo final de elevaciones (Li 2005). Consiste en la estimación de las diferencias entre las cotas de los datos y las cotas del modelo, calculadas para los mismos puntos de datos, y sometidas a análisis estadístico. La desviación estándar de los residuos es equivalente al error esperado en la interpolación. Este error esperado se debe comparar con las normas establecidas para la altimetría de precisión correspondiente a la resolución del modelo. Para la aplicación de esta evaluación estadística es posible utilizar cualquiera de los muchos programas estadísticos existentes.

i) Aplicación de criterios históricos cualitativos

La aplicación de criterios históricos cualitativos para evaluar la calidad del modelo consiste en realizar observaciones del área objeto de estudio, a partir de un estudio detallado del modelo y comparándolo con la llamada "verdad de terreno". También pueden contribuir las entrevistas a conocedores y vecinos del área, todo con el objetivo de verificar que el modelo refleja el comportamiento de los patrones de drenaje pluvial en el área de interés, como por ejemplo, las áreas, que históricamente presentan un mayor nivel de encharcamiento.

1.2.2 Aplicaciones modernas y perspectivas futuras de los MDT

El MDT constituye en la actualidad, el medio más eficaz para la representación y el procesamiento de datos espaciales (X, Y, Z); en especial, para la automatización de proyectos de carreteras y para la Cartografía Automática (Doyle 1978), (Glotov 1980), (Mustafa 1986), (Li 2005). Las principales operaciones de este pueden resumirse de la siguiente forma:

- Servir de base para la planificación y diseño de ingeniería civil, ingeniería vial e ingeniería de minas: dado un punto (X, Y) encontrar el valor de Z.
- Otras aplicaciones de los modelos digitales de terreno son (Li 2005), (Cea 2009), (Sánchez 2012a):
  1. Análisis en perspectiva del terreno.
  2. Animación tridimensional (3D) en simuladores de vuelo, conducción de vehículos, diseños de paisajismo, planificación urbana por computadora.
  3. Estimación de pendientes y sus orientaciones (aspecto).
  4. Delimitación de cuencas, redes de drenaje pluvial y simulación hidrológica e hidráulica (representación de áreas de inundación).
  5. Análisis de la densidad de las redes de drenaje pluvial.
  6. Análisis geomorfológicos y de erosión del suelo.
  7. Interpretación y procesamiento de imágenes de teledetección.
  8. Análisis de visibilidad en cuencas.

El volumen y nivel de aplicación de los MDT también se diferencian entre los países con diferentes niveles de desarrollo. En la mayor parte de ellos se emplea la fotogrametría, los levantamientos directos tanto con los instrumentos clásicos como con la Estación Total, y los GPS, así como las imágenes satelitales en la elaboración de MDT.

La evolución de los MDT en sus 55 años de existencia se puede resumir en velocidad de procesamiento, motivado por el desarrollo del software y el hardware, que le ha permitido disponer de modelaciones espaciales y temporales, y adecuarlas a fenómenos tan complejos como la modelación de las inundaciones urbanas (Olaya 2004), (Li 2005), (Tucci 2007), (Felicísimo 2008). Los desarrollos de MDT han alcanzado un rendimiento muy alto y debido a ello, sus aplicaciones se extienden a diferentes campos. La evaluación comparativa de diferentes métodos y programas de software aún no ha sido resuelta definitivamente, pero esto ya no es un asunto relevante. Sin embargo, lo relativo a futuros desarrollos o a la adaptación a casos especiales y de valoración de calidad, merece una atención continuada; el desarrollo básico de la modelación digital de terreno, no se ha concluido del todo, este solo ha llegado a un nivel intermedio. Por tanto, es urgente un desarrollo adicional que vaya más allá de su actual nivel de ejecución, especialmente, en modelado de terreno tridimensional, y aunque la representación del relieve mediante curvas de nivel es una forma tridimensional de MDT, se está haciendo referencia al modelado de ciudades, y también, a la integración de los MDT en los SIG (Li 2005), (Fallas 2007).

Los modelos digitales fueron concebidos para describir geométricamente superficies de terreno. Este concepto es apropiado en terrenos con poca vegetación o superficies áridas. Esto ha dado lugar a los MDT usados en la producción de ortofotos. Por otra parte, la filtración de datos LIDAR o nubes de puntos correlacionados, permite distinguir entre terreno sólido y superficie de vegetación. Sin embargo, el mayor problema son los objetos tridimensionales sobre el terreno.

Los MDT deberían incluir las construcciones y edificaciones hasta completar modelos de ciudades. Pero ningún software de MDT disponible hasta la fecha, ha sido extendido de modo general para manejar grandes modelos de ciudades en 3D; sin embargo, ya han sido usadas versiones preliminares. Hay experimentos para combinar métodos de malla regular o elementos finitos con triangulación tridimensional. La captura eficiente de datos de modelos completos de ciudades necesita una combinación de los siguientes sistemas de adquisición de datos: levantamientos con escáneres láser terrestre y aerotransportado, así como fotogrametría terrestre y aerotransportada (Li 2005).

1.2.3 Integración y uso de los MDT en los Sistemas de Información Geográfica (SIG)

Los MDT son utilizados de manera creciente en la modelación y simulación de procesos dentro de los ambientes de los SIG. Así, los conceptos actuales de MDT constituyen un caso especial solo dentro de clases más amplias de modelos digitales, en los que se describe la realidad bi o tridimensional del terreno y de los objetos sobre este. Otro aspecto interesante de la integración de los MDT con la tecnología de los SIG es la capacidad de simular procesos temporales. La integración del uso de los MDT para el modelaje y simulación de procesos basados en SIG trae aparejados otros problemas de carácter práctico y operacional, entre los que se pueden mencionar: la elección de los modelos de datos para la representación gráfica y el procesamiento, por ejemplo, raster, TIN o híbridos, la utilización de formatos adecuados y eficientes para el almacenamiento y recuperación, la utilización de bases de datos de carácter multiusuarios, entre otros. La utilización de los MDT en los últimos años en la modelación espacial y temporal de los fenómenos hidrológicos ha permitido la evaluación de riesgos y vulnerabilidades ante los fenómenos provocados por lluvias intensas, que es uno de los fenómenos que provocan las catástrofes hidrometeorológicas más peligrosas de nuestros tiempos (Sánchez 2010a).

Las aplicaciones SIG junto con la modelación hidrológica en ambientes urbanos comenzaron a ser utilizadas en los años 80, unos años después de que se utilizaran en la hidrología de cuencas rurales o naturales. Las aplicaciones iniciales se centraron en el análisis de los MDT, y en aplicaciones hidrológicas como la delimitación automática de cuencas rurales, la construcción de mapas de patrones de flujo, la determinación de parámetros físicos a partir del MDT, tiempo de viaje, porcentaje impermeable, entre otras. Es así, como la vinculación de los análisis espaciales en base a SIG, en el ámbito de la Hidrología Urbana, se ha quedado rezagada. La razón principal de esto es la falta del componente espacial en los modelos matemáticos de drenaje pluvial urbano ya que la descripción matemática de la hidrodinámica en una red de drenaje pluvial urbano y los procesos físicos para modelar la transformación lluvia – escorrentía sigue siendo un problema complejo.

Los Sistemas de Información Geográfica comerciales no resultan suficientes por sí solos para lograr una modelación hidrológica precisa, no ya desde el punto de vista práctico, donde su utilización está a la orden del día en los trabajos de ingeniería relacionados con la Hidrología, sino desde el aspecto puramente conceptual. La gran generalidad que caracteriza a estas aplicaciones hace imposible que se encuentren completamente adaptadas para el análisis intenso de la información de partida desde un punto de vista hidrológico, y en particular, para el análisis del MDT como documento cartográfico clave en este sentido.

1.3 Modelación hidrológica e hidráulica

Las necesidades humanas de disponer de recursos hídricos en abundancia y de calidad, condicionaron la costumbre de edificar los asentamientos humanos en las proximidades de los ríos y mares, desde la más remota antigüedad. En 1858, M. Champion publicó el artículo ¨Las inundaciones en Francia desde el siglo VI¨; en este se brinda una idea del tiempo en que se está pensando en forma activa sobre la Hidrología (Tucci 2007). Pero la Hidrología sintió el desarrollo en gran escala a partir de la aparición de la computadora a fines de la década del 40 y en particular, con la aparición del MDT, lo que posibilitó que surgieran los primeros modelos hidrológicos, hasta llegar a un modelo del terreno sobre el que puede simularse el escurrimiento. En la actualidad, con un MDT capaz de modelar el terreno con suficiente precisión espacial, y de conjunto con un modelo hidrológico espacial y temporal, correspondientemente preciso, se podrán obtener las láminas de escurrimiento con la exactitud necesaria para estimar mejor las crecidas y controlar el riesgo que el agua puede provocar (Felicísimo 2008). En el Anexo 5 se muestran las principales características de varios de los programas de simulación hidrológica más utilizados. Como resultado del análisis de la información presentada en este Anexo, y las posibilidades que brinda el programa SWMM, se puede concluir que este es el software que mayor atención tiene, para la simulación del proceso lluvia – escurrimiento, por su condición de utilizar un Modelo de Depósito No Lineal (MDNL) para conceptualizar la cuenca y ser de libre acceso. Además puede añadirse a su favor que es un programa que viene siendo utilizado con éxito desde hace más de 40 años, y permite simular la precipitación, escorrentía, transporte y procesos de calidad de agua en cuencas urbanas (Rodríguez 2011).

1.3.1 Drenaje pluvial en cuencas urbanas

El estudio del drenaje pluvial en zonas urbanizadas constituye uno de los aspectos más importantes dentro de la Hidrología, pues la inundación es uno de los eventos más peligrosos y constituye uno de los riesgos para el que debemos proponer las medidas adecuadas para evitar consecuencias desfavorables.

La hidrología urbana analiza el ciclo del agua a una escala mucho menor que los procesos hidrológicos en ambientes rurales o naturales. Cabe resaltar que las investigaciones en esta área se han incrementado a nivel mundial, tanto en el mejoramiento de las técnicas de análisis, como con la creación de nuevas herramientas computacionales aplicadas para la evaluación y diseño. Es así como el estudio de los hidrosistemas en ambientes urbanos ha mostrado progresos importantes, lo que se evidencia en la reciente incorporación de la "Hidrología Urbana" como temática independiente dentro del XXIII Congreso Latinoamericano de Hidráulica, celebrado en Colombia en el año 2008, el cual ha sido calificado como el evento científico de esta naturaleza más importante de América Latina en los últimos tiempos (Sánchez 2012a).

El criterio para clasificar las inundaciones, coincide con los conceptos utilizados ampliamente en la mayoría de los documentos publicados por el proyecto Flood Site en 2010 y por el Proyecto Piloto de Drenaje Pluvial Urbano Integrado, desarrollado por DEFRA (Department for Environment Food and Rural Affairs), en 2006 (FLOODsite 2010).

1.3.2 Inundaciones localizadas en ambientes urbanos

La gestión de inundaciones urbanas comprende el análisis del comportamiento del agua pluvial en la red de calles y el análisis hidráulico de los elementos que interactúan con el flujo: aceras, las obras de captación (sumideros), los colectores enterrados, las propias calles y los cruces. Para este análisis, las calles se conceptualizan como canales en lámina libre con flujo predominantemente unidimensional, exceptuando los cruces que requieren de un estudio detallado por las connotaciones de su comportamiento bi o tridimensional y su impacto en la distribución de caudales (Russo, Gómez et al. 2006). Cuando se hace referencia al sistema de drenaje pluvial se incluyen tanto el sistema superficial como el subterráneo.

Cuando los sistemas de drenaje pluvial de las áreas privadas descargan directamente a las aceras o a la calle, este flujo se suma al escurrimiento propio de la vía y al agua de lluvia que drena superficialmente desde aguas arriba de la vía, creando una escorrentía excesiva en las calles, acumulándose progresivamente hasta superar la capacidad de conducción de la vía. Este fenómeno y su afectación en el tránsito regular de vehículos y personas han sido comprobados por el autor de esta investigación mediante la técnica de observación en las calles de la barriada de Marçal, durante algunos eventos de lluvia. Ver Anexo 6.

1.3.3 Modelación de sistemas de drenaje pluvial urbano. Evolución, tendencias actuales y desafíos

Históricamente, los modelos de drenaje pluvial urbano se han distinguido por el carácter empírico de las formulaciones, con excepción del método racional, cuyos componentes son determinados empíricamente, pero la formulación, como su nombre indica, es racional. Con la aparición de las computadoras el proceso sufrió un cambio importante primero en los cálculos de los modelos (fórmulas hidrológicas) y más tarde, con la aparición del MDT comenzó el proceso de modelación espacial en 1D y 2D fundamentalmente. Las mayores limitaciones en la elaboración del modelo espacial, sobre todo en países en vías de desarrollo, radica en la insuficiencia de datos (Riccardi 2001). Esto se manifiesta en esta investigación, en las dificultades para la obtención de datos de lluvia para la validación del modelo; además, para la elaboración del MDT hubo que recurrir a la integración de datos de diferentes fuentes para obtener un relieve confiable. La tendencia en las técnicas de análisis empleadas actualmente para el diseño y evaluación, está orientada hacia la aplicación de modelos matemáticos integrados. Los modelos integrados incluyen dos componentes acoplados: el modelo hidrológico y el hidráulico. A juicio del autor de esta investigación, los principales desafíos se concentran en la posibilidad de adquirir los datos de las lluvias con la mayor precisión posible para la validación de los modelos, ya que por ahora no existe otra forma que no sea la medición de caudales en el momento de la ocurrencia de las lluvias de gran intensidad.

1.3.4 Modelación del flujo superficial en las calles

El régimen impermanente en conducciones libres, llamado también no estacionario o transitorio, se caracteriza en sentido general, por su unidimensionalidad y específicamente, porque el gasto, la velocidad y la profundidad o tirante de circulación varían en el tiempo, tal y como señala León, citado por (Martínez 2006). Existen modelos matemáticos computacionales hidráulicos que simulan el movimiento del flujo unidimensional no permanente en lámina libre, resolviendo completamente las ecuaciones de Saint-Venant. En opinión del autor de esta tesis, el problema más complejo que se presenta al transitar el agua de lluvia por las calles, es el de las intersecciones, porque la estructura de los vectores velocidad adopta patrones multidimensionales que evidentemente varían en función de la configuración geométrica de las calles. El comportamiento hidráulico del flujo en esta zona es tridimensional y en el mejor de los casos puede analizarse bajo un enfoque bidimensional (Nanía 1999), (Gómez, Macchione et al. 2006).

Stephenson y Meadows, citados por (Nanía 2006), demostraron las restricciones e implicaciones que genera la aplicación de la solución parcial o completa de la ecuación de Saint-Venant en un sistema de drenaje pluvial. En una calle considerando la acumulación de flujo producto de los aportes de la propia calle (incluye el flujo proveniente de las subcuencas), el gasto que descarga lateralmente desde otra calle secundaria, el gasto que ingresa a través de las obras de captación hacia el sistema de drenaje pluvial menor y finalmente, la intersección de calles ortogonales asumiendo flujo convergente. En los casos donde se requiera modelar la propagación de caudales más allá de algún cruce de calles utilizando un modelo unidimensional, es conveniente hacer el tránsito hidráulico por tramos, ya que la división del flujo origina incertidumbres importantes.

Nanía analizó el riesgo y la peligrosidad asociados a la escorrentía pluvial en una red de calles bajo un enfoque unidimensional, con el apoyo de un modelo físico a escala. El autor de esta investigación resalta el aporte científico de este trabajo de Nanía por su sólida base experimental, pero reconoce que la posible generalización de los resultados debe limitarse a cuencas urbanas con topografía de pendientes medias y abruptas, ya que supone régimen supercrítico como condiciones de borde a la entrada y salida de la calle. Sin embargo, a pesar de la importancia que reviste este tema, es el único trabajo experimental, orientado específicamente al estudio del flujo en cruces de calles al que ha tenido acceso el autor de esta investigación (Nanía 2006).

Asimismo, están los aportes de (Gómez, Macchione et al. 2006), quien demostró a través de la aplicación de dos modelos matemáticos (1D y 2D), que existen semejanzas aceptables entre ambas simulaciones para un caso de aplicación en un tipo de calle en específico. El autor de esta investigación considera que este trabajo tiene el gran mérito de haber demostrado, en un caso de estudio real, la diferencia entre estos dos enfoques, a pesar de que no muestra el error absoluto o relativo en que se incurre, sino que solamente compara gráficamente la curva de evolución de caudal para cada modelo en estudio.

1.3.5 Modelos para la simulación y análisis del drenaje pluvial en cuencas urbanas

En el mercado existen diversos tipos de programas para la modelación del flujo de agua en medio urbano tanto en canales como en el sistema de alcantarillado pluvial. Entre estos modelos se pueden mencionar: MOUSE, SWMM, IBER, MIKE, SOBEK, HIDROWORKS/INFORWORKS, HEC-HMS Y HEC-RAS, STORMCAD, TR-55, NOAH 1D, ILLUDAS, entre otros.

En la última década, se han desarrollado numerosas investigaciones sobre el análisis del flujo en la superficie de la ciudad; unas se han dirigido a la creación de nuevos modelos y otras, al mejoramiento de su interface gráfica o de su algoritmo numérico para reducir el tiempo invertido en máquina. En general, entre los modelos más conocidos por su continuada aplicación en problemas de drenaje pluvial urbano son el SWMM (1D) y el IBER (2D); ambos, están diseñados para proporcionar una perspectiva de los efectos en la cantidad y calidad del agua pluvial en ambientes urbanos, y tienen la enorme ventaja de ser de dominio público. El autor de esta tesis considera que no es la solidez matemática del modelo el único criterio para su selección y aplicación. El énfasis y la orientación de esta investigación se focaliza en analizar otros aspectos como: la disponibilidad (comercial o dominio público), su factibilidad para ser implementado en zonas predominantemente llanas, la disponibilidad de datos con la calidad exigida por la aplicación y la facilidad para la edición, pre y pos-procesamiento de la información generada.

1.3.5.1 Modelo SWMM. Pre-procesamiento de datos de entrada para la modelación

De acuerdo con (Aventín 2007), citado por (Sánchez 2012a), el modelo SWMM es una aplicación de dominio público, gestionada por el U.S. Environmental Protection Agency (EPA) y respaldada técnicamente por la Universidad de Oregón en los Estados Unidos, capaz de reproducir los fenómenos de escorrentía urbana y combinar fenómenos asociados a aguas residuales.

El modelo SWMM fue creado entre 1969-1971, y cuenta con dos tipos de versiones: una de dominio público y otra con fines comerciales, desarrollada y distribuida por empresas privadas a nivel mundial. La conceptualización del programa SWMM es la del clásico Modelo de Depósito No Lineal (MDNL), analizando cada una de las subcuencas, que integran la cuenca objeto de estudio, como un depósito no lineal en el que se combinan la ecuación de continuidad y la ecuación de Manning, para el procesamiento de las entradas (lluvia o deshielo de nieve), las retenciones (almacenamiento en depresión, evaporación, infiltración), y las salidas (escurrimiento o caudal).

El modelo SWMM está estructurado fundamentalmente en dos módulos: hidrológico o RUNOFF, que simula la escorrentía, e hidráulico o EXTRAN, que simula el comportamiento del flujo dentro de la red de colectores y otros dispositivos que integran el sistema de drenaje pluvial. El cálculo hidrológico se realiza a partir del procesamiento, que hace el modelo SWMM, de los hietogramas o pluviogramas (acumulativos o no), de diseño, según sea la preferencia o disponibilidad del usuario; los cuales deberán ser vinculados al pluviómetro definido en el modelo, en formato de series temporales de distintas probabilidades de ocurrencia de la lluvia. Podrán ser incorporadas cuantas series temporales de lluvia se desee pero obviamente una corrida del programa será solo para aquella serie temporal activada previamente en el pluviómetro. Es muy importante que el formato de lluvia definido al pluviómetro (intensidad, volumen o acumulativo), esté en correspondencia o coincida con la estructura en que se ha introducido la serie temporal, es decir, como hietograma (mm/h), pluviograma (mm) o pluviograma acumulativo (mm), respectivamente.

Para el tránsito hidráulico por conductos, el modelo resuelve la ecuación de Saint-Venant en 1D en su forma completa, aunque en sus últimas versiones permite que el modelador seleccione las formas simplificadas de esta ecuación diferencial (onda cinemática y difusiva). Para el tránsito en la red de drenaje pluvial, el modelo utiliza la ecuación de momentum en los conductos y la ecuación de continuidad para los nodos.

Se han implementado varios algoritmos de resolución en diferentes versiones, utilizando rutinas implícitas y explícitas (Environmental Protection Agency 2005); sin embargo, los algoritmos de solución implícita ofrecen resultados más lentos, pero en general, más estables. El PCSWMM, creado en 1984, fue la primera versión distribuida comercialmente para PC, y fue en la versión 4 donde el SWMM se publica oficialmente como un programa de dominio público. Esta es la versión que ha recibido mejoras en su versión 5. La versión 4 solo dispone de dos métodos para calcular la infiltración (Horton y Green-Ampt), a diferencia de la versión 5 donde se incluyó el método del Soil Conservation Service (SCS). El autor de esta investigación considera que un aspecto a resaltar es la conceptualización que hace el modelo sobre la distribución espacial de las áreas permeables e impermeables, así como del almacenamiento en depresiones tanto en las zonas permeables como impermeables. Este es uno de los parámetros hidrológicos característicos incluidos en la formulación matemática del modelo, que permite incorporar este proceso físico a la modelación. La causa de esta pérdida se debe a fenómenos físicos tales como: la superficie de encharcamiento y la intercepción. La discusión sobre este aspecto está suficientemente examinada por (Viessmann, Knapp et al. 1977). La versión original desarrollada por EPA, no posee rutinas de autocalibración. El autor de esta investigación opina que a pesar de estar disponible solo en una versión comercial altamente costosa, esta rutina o módulo de calibración es un paso crucial en el desarrollo y avance del SWMM, ya que por su naturaleza multiparamétrica reduce considerablemente el esfuerzo manual para la optimización de la calibración y el diseño.

Los datos de entrada en este modelo se realizan de forma integrada en un entorno de edición que permite interpretar ficheros con un formato *.INP. Este tipo de archivo (de texto) es editable como ASCII y diseñado con toda la información de entrada al modelo, donde está incluido el contenido de cada proceso físico. El motor de cálculo del modelo SWMM recibe los datos de entrada divididos en diferentes secciones, como se aprecia en el diagrama de transferencia por intercambio para preprocesamiento de datos hacia SWMM del Anexo 7. De acuerdo con (Sánchez and Álvarez 2012b), este diagrama aplicable también en esta investigación, muestra los procesos de transferencia, comenzando por el mapa base de la cuenca urbana que contiene los datos de representación espacial de calles, manzanas, y subcuencas (en formato CAD) y detallando las diferentes extensiones que deben tener los archivos de intercambio de información considerando que este es uno de los problemas a resolver durante el proceso. Este tipo de archivos puede ser leído en un Sistema de Información Geográfica y a través del intercambio, se edita el fichero con formato *.DBF, para hacer los ajustes al modelo de datos utilizando cualquier programa intermedio que funcione como convertidor de archivos en formato *.TXT. En efecto, se toma el archivo *.DBF, y se ajusta al modelo de datos utilizando aplicaciones que permitan convertir los archivos a formato *.TXT. De esta manera se prepara la información de entrada al modelo (fichero con extensión *.INP), de acuerdo con las características hidrofísicas y geométricas del modelo, estructurado en varias secciones, cada una de ellas identificada en el archivo de datos con una palabra clave encerrada entre corchetes:

- [SUBCATCHMENTS], [SUBAREA], [INFILTRATION], [JUNCTIONS], [DIVIDERS], [CONDUITS], [XSECTIONS], [TRANSECTS], [TIMESERIES], [COORDINATES], [VERTICES], [POLYGONS], [SYMBOLS], [PROFILES].

Las secciones pueden aparecer en cualquier orden arbitrario en el archivo de entrada, y no todas las secciones deben estar presentes, es decir, depende del modelo y de los procesos hidrológicos que se desean simular. Cada sección puede contener una o más líneas de datos.

El campo denominado con la palabra [POLYGONS], debe estar estructurado con las coordenadas geográficas X, Y; bajo un orden lógico geométrico. Es decir, poseer una secuencia de trazado tal que permita al algoritmo gráfico, dibujar el elemento en correspondencia con el modelo conceptual. Es válido señalar además, que el orden de las coordenadas es primordial en los datos de entrada del SWMM ya que al realizar un cambio de orden de las coordenadas, la forma de la cuenca es alterada, y de no seguir un patrón determinado, su forma quedará distorsionada.

1.3.5.2 Modelo IBER. Pre-procesamiento de datos de entrada para la modelación

IBER es un modelo numérico de simulación de flujo turbulento en lámina libre en régimen impermanente, y de procesos medioambientales en hidráulica fluvial, el cual puede aplicarse sin ninguna dificultad en ambientes urbanos. Sus capacidades potenciales han sido descritas por (Bladé and Gómez-Valentín 2006) y de forma análoga, se exponen en detalle en el sitio web http://www.iberaula.es. El rango de aplicación de IBER abarca la hidrodinámica fluvial, la simulación de rotura de presas, la evaluación de zonas inundables, el cálculo de transporte de sedimentos y el flujo de marea en estuarios. En este sentido, (Calzas 2013) aplicó esta herramienta computacional para evaluar, si para las condiciones actuales de funcionamiento del canal de la planta de efluentes líquidos de As Pontes, Coruña, España, se produce sedimentación y/o transporte de sedimentos en suspensión para caudales normales de funcionamiento de dicha conducción, encontrándose que la sedimentación no constituiría un problema para el funcionamiento en dicha planta. El modelo

IBER consta actualmente de tres módulos de cálculo principales: un módulo hidrodinámico, un módulo de turbulencia y un módulo de transporte de sedimentos (Cea 2009). Todos los módulos trabajan sobre una malla no estructurada de volúmenes finitos formada por elementos triangulares o cuadriláteros (Cea 2009) y (González 2012). En el módulo hidrodinámico, que constituye la base de IBER, se resuelven las ecuaciones de aguas someras bidimensionales promediadas en profundidad (ecuaciones de Saint-Venant en 2D).

El autor de esta investigación destaca que la utilización del modelo IBER, como modelo bidimensional, exige trabajar con datos debidamente calibrados para obtener de él resultados cercanos a la realidad. El empleo de esta herramienta sin una validación inicial no arroja resultados confiables y puede ser alterada fácilmente, ya que al no estar calibrados los parámetros del modelo, la respuesta que se obtiene no tiene sustentación alguna. Esto constituye una desventaja de IBER para ser utilizado como herramienta en las primeras etapas de una investigación, cuando la cantidad y calidad de los datos es reducida.

1.3.6 Herramienta SewerUp

SewerUp es una aplicación enfocada al diseño de redes de alcantarillado sanitario y pluvial, especialmente concebida para el proyectista hidráulico (Mesofts 2010). Entre sus prestaciones tiene la formidable particularidad de racionalizar el diseño inicial del usuario, con cada una de sus corridas, ajustándose a las restricciones establecidas. También son consideradas pendientes mínimas permisibles, la velocidad mínima de auto limpieza (0.6 m/s), la tensión tractiva mínima (1.5 Pa), la relación de llenado máximo permisible (h/D), el recubrimiento mínimo sobre la corona, la distancia máxima entre registros, los caudales de infiltración y de conexiones erradas si las hubiera, entre otras. La expresión utilizada por SewerUp para calcular el caudal máximo de diseño en redes de alcantarillado pluvial es:

$$Q_{max} = \frac{C\,I\,A}{0.36}, \tag{1.1}$$

donde $Q_{máx}$ es el caudal máximo de diseño (en l/s), C es el coeficiente de escurrimiento medio ponderado a partir de las características de las distintas áreas tributarias (área techada, área pavimentada, área verde, entre otras). Siempre será menor que la unidad y representa la fracción de la lluvia total que se convierte en escurrimiento, I es la intensidad de la lluvia bruta o total (en mm/h), a partir de curvas de Intensidad – Frecuencia – Duración (IFD) o mapas de isoyetas regionales, y A es el área tributaria (en hectáreas).

Es de significar que SewerUp, como herramienta concebida para elaborar proyectos, calcula el movimiento de tierra a partir de la excavación en zanja para la colocación de los colectores, y lo incluye no solo en los perfiles, sino además, en los reportes que emite en formatos *.HTML, *.PDF o *.XLS, si interesa al usuario la edición de datos y resultados. La salida gráfica de la planta general y los perfiles de diseño se obtienen en formato *.DXF o *.DWG según requiera el usuario. SewerUp tiene además la opción de exportar los resultados del diseño a formato de sistemas de información geográfica (SIG), creándose los archivos de extensión *.SHP, *.SHX y *.DBF, donde puede ser importado el archivo *.SHP por Autodesk Storm and Sanitary Analysis (ASSA) y procesado en el entorno de esta herramienta que tiene la opción de análisis en período extendido y las alternativas hidráulicas de régimen uniforme, onda cinemática y onda dinámica. De esta forma a través de ASSA puede ser exportado el modelo hacia SWMM, si así lo requiere el usuario, toda vez que SWMM 5 no tenga una conexión directa con los sistemas de información geográfica (SIG).

1.3.7 Estudio del peligro de inundación por intensas lluvias

En el marco del desarrollo de la presente investigación fue posible identificar que en Angola no existen lineamientos para el cálculo del peligro por inundación ante intensas lluvias. Esto fue corroborado por el autor de esta investigación en entrevista realizada en el año 2012 al Segundo Comandante da Protecção Civil e Bombeiros del Ministerio del Interior, Sr. Comisario Bombeiro: Bençâo Cavila, en el Serviço Nacional de Protecção Civil, ubicado en Luanda. Por tal motivo, para el desarrollo de la presente investigación, el autor de esta tesis propone una adaptación de la *Nueva versión de los lineamientos metodológicos para la realización de los estudios de peligro, vulnerabilidad y riesgos de desastres de inundación por intensas lluvias*, desarrollados por el Ministerio de Ciencia, Tecnología y Medio Ambiente, (CITMA) y la Agencia de Medio Ambiente (AMA) de Cuba, publicada en julio de 2012 (AMA-CITMA 2012) (ver Anexo 8). La adaptación de estos lineamientos a las condiciones angolanas, a criterio del autor de esta investigación, permitirá establecer en trabajos futuros, políticas de gestión dirigidas a la toma de medidas para mitigar inundaciones en sectores rurales o urbanos en Angola y su puesta en práctica permitirá ir estableciendo mejoras paulatinas, con el objetivo de establecer lineamientos propios, tomando como punto de partida la experiencia cubana.

1.4 Empleo de la modelación matemática para el diseño de redes de drenaje pluvial

En la bibliografía consultada y analizada se encuentran referencias al uso de las herramientas de modelación matemática para el diseño de redes de drenaje pluvial. Sin embargo, no se ha encontrado ningún reporte que describa una estrategia integrada que permita diseñar redes de drenaje pluvial, utilizando la combinación de modelos del terreno, conjuntamente con la modelación matemática. Tampoco se ha encontrado ningún antecedente previo sobre el uso de herramientas de modelación matemática para el diseño de redes de drenaje pluvial en el caso de Angola.

Conclusiones parciales del Capítulo I

Como resultado del análisis bibliográfico realizado, y del estudio del estado del arte, se pueden adelantar, como importantes, las siguientes conclusiones:

1. Se reafirma la idea de que la construcción de un modelo digital del terreno de calidad adecuada, es requisito indispensable para la realización de análisis hidrológicos e hidráulicos, especialmente en una cuenca urbana, empleando modelación matemática.
2. El modelo digital de terreno que sirva de base a los modelos hidrológicos e hidráulicos en un área urbana debe representar, en primer lugar, los rasgos espaciales más generales del relieve del área de estudio; en otras palabras, la tendencia del relieve, excluyendo cualquier fluctuación de carácter local. En segundo lugar, la resolución espacial del modelo debe ser lo suficientemente alta, para que en el modelo se manifiesten los rasgos espaciales de pequeñas dimensiones presentes en el ambiente construido urbano.

3. Las herramientas de la Geoestadística se presentan como las más adecuadas, desde el punto de vista matemático, para la descripción del relieve y construcción del MDT en zonas con relieve poco accidentado.
4. Otro requisito que se exige del MDT es su calidad, la que se puede controlar sobre la base del control de la calidad de los datos, la calidad de los procesos de análisis estructural de los datos y de la interpolación, la filtración, el remuestreo, la superposición de la red vial y las áreas construidas, el análisis de la compatibilidad del modelo con los datos cartográficos a diferentes escalas, la validación recíproca, la evaluación estadística de los residuos de la interpolación y la aplicación de criterios históricos cualitativos.
5. La selección adecuada de las herramientas de simulación hidrológica e hidráulica, vinculadas a los modelos digitales de terreno deben constituir la antesala para el diagnóstico, diseño y revisión de proyectos de redes de drenaje pluvial.
6. Cuando las condiciones topográficas son poco accidentadas, el modelo SWMM, debidamente calibrado, permite hacer una caracterización física del comportamiento de los escurrimientos que circulan por las calles, así como permite simular el comportamiento de la red de drenaje pluvial en una etapa de anteproyecto.
7. La herramienta SewerUp es una herramienta para el diseño hidráulico que por su bondad, facilidad de manejo y atendiendo al concepto de racionalización, es una buena opción para su empleo.
8. Existen otros modelos que en principio podrían ser utilizados con propósitos semejantes, como es el caso del IBER para la simulación de

los escurrimientos por las calles, a fin de obtener las velocidades de circulación, y el calado; pero sus exigencias en materia de datos para la calibración hacen que no sean del todo útiles cuando no se dispone de una cantidad suficiente de datos.

9. No se ha encontrado ningún reporte que describa una estrategia integrada que permita diseñar redes de drenaje pluvial, utilizando la combinación de modelos del terreno, conjuntamente con la modelación matemática. Tampoco se ha encontrado ningún antecedente previo sobre el uso de herramientas de modelación matemática para el diseño de redes de drenaje pluvial en Angola.

CAPÍTULO II. ELABORACIÓN DE UNA ESTRATEGIA PARA EL DISEÑO DE REDES DE DRENAJE PLUVIAL, EMPLEANDO LA MODELACIÓN MATEMÁTICA, PARA SU APLICACIÓN EN LA CIUDAD DE LUANDA

Como se ha mencionado, el desarrollo de zonas urbanas debe cumplir especificaciones multidisciplinarias para su efectivo desempeño, respondiendo de manera planificada a la existencia de sistemas de abasto de agua, fluido eléctrico, sistemas de drenaje pluvial y sanitario, entre otros.

Para el desarrollo de la presente investigación fueron visitadas Instituciones del Gobierno de la Republica de Angola, tales como: el Gobierno de la Provincia de Luanda, la Unidad Técnica de Gestión y Saneamiento de Luanda (UTGSL), el Instituto Nacional de Meteorología de Angola (INAMET), Instituto de Geodesia y Catastro de Angola (IGCA), entre otras, con el objetivo de obtener un grupo de datos necesarios. Para el efecto, se ha revisado una cantidad considerable de documentos relacionados con el Plan Director de la ciudad de Luanda, el Proyecto de reanimación de los barrios, documentos sobre la Protección Civil, Registros de Desastres y Riesgos, también documentaciones relacionadas con registros de lluvias y datos sobre la topografía de la ciudad de Luanda.

Para hacer frente a las amenazas que se producen como resultado de intensas lluvias y/o soluciones insuficientes de drenaje pluvial urbano, se hace necesario también la revisión y acceso a herramientas técnicas fundamentalmente computacionales, las cuales son abundantes en cantidad, pero no siempre están al alcance de los países en vías de desarrollo.

La selección racional de las herramientas de modelación hidráulica e hidrológica, vinculadas a los Sistemas de Información Geográfica, permiten obtener resultados confiables y sostenibles para los ambientes urbanos objetos de estudio.

En este capítulo se discute la elaboración de una propuesta de estrategia para el diseño de redes de drenaje pluvial, basada en los MDT y empleando la modelación matemática para su aplicación en la ciudad de Luanda.

2.1 Creación del MDT

Como paso previo para el diseño y revisión de una red de drenaje pluvial se hace necesaria la conformación del modelo digital del terreno, MDT, que sirva de base a todos los estudios posteriores. La construcción de un MDT de un área urbana requiere la aplicación de una serie de pasos que se discuten a continuación.

2.1.1 Recopilación de datos necesarios

Como punto de partida para la recopilación de datos, se debe disponer de una cartografía planimétrica y altimétrica a escala 1:25000, que debe ser utilizada como referencia, así como una suficiente cantidad de datos independientes adicionales, a escalas mayores, para producir un producto cartográfico de escala del orden de 1:2000.

A fin de definir los alcances y la magnitud de un proyecto de drenaje pluvial en determinada zona de estudio, se debe realizar un análisis exploratorio de los datos disponibles, provenientes en muchos casos de diferentes fuentes para asegurar que se dispone de información válida y consistente (ver Figura 2.1).

En primera instancia resulta imprescindible contar con una base de datos espaciales que permita definir un MDT (preliminar o existente) y para ello es preciso disponer de datos generales en cuanto a localización geográfica de la zona en estudio, importancia económica, vías de comunicación, servicios públicos, análisis regional de los sectores vecinos, entre otros.

Las fuentes de datos más comunes para la construcción de MDT en los países en vías de desarrollo, con todo tipo de limitaciones económicas, instrumentales, y de personal, entre otras, son sin lugar a dudas, en orden de preferencia, los procesos de escaneo, georreferenciación y vectorización de mapas; los levantamientos topográficos con GPS y los levantamientos tradicionales (basados en teodolito y mira, y estación total).

Como los levantamientos topográficos con GPS y tradicionales son contenidos de la especialidad de Topografía, en este documento no se entrará en una descripción detallada de ellos. Sin embargo, la digitalización de documentos cartográficos impresos, su georreferenciación y vectorización de las entidades espaciales para describir el relieve resultan del mayor interés por sus bajos costos y posibilidades de amplio uso, y serán tratadas a continuación con mayor amplitud.

Digitalización (escaneo) de mapas impresos. Esta fuente de datos espaciales está muy divulgada en la actualidad. Para el problema que atiende esta investigación, como ha sido ya expuesto, se requiere inicialmente de un mapa a escala 1:25000, que será tomado como referencia, así como eventualmente otros mapas a escalas mayores. Se debe tener en cuenta que el escaneo debe hacerse con una resolución instrumental (puntos por pulgada o dpi de la imagen resultante) no menor que la resolución cartográfica del mapa, que suele ser de 0.5 a 0.2 mm, lo que obliga a usar, respectivamente, resoluciones instrumentales de 72 dpi a 150 dpi o mayores.

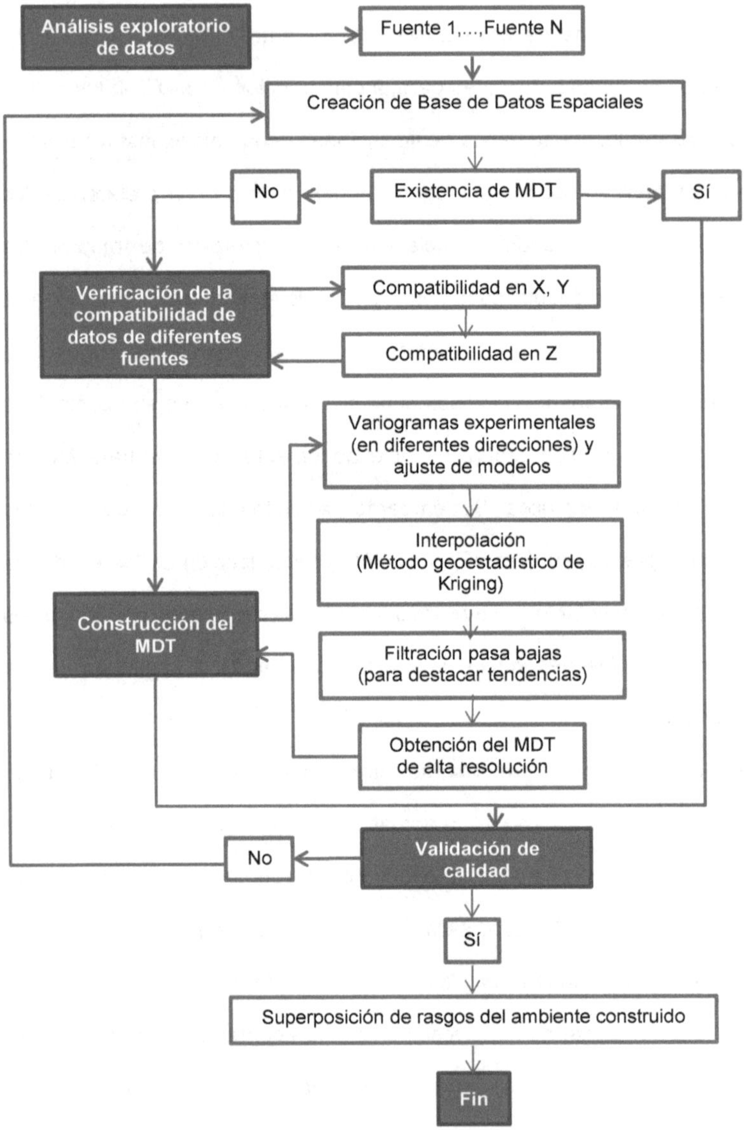

Figura 2.1. Procedimiento metodológico para la construcción de un MDT.
Fuente: Elaboración propia.

La salida del proceso de digitalización o escaneo de un mapa en papel es una imagen digital, que puede ser almacenada en cualquiera de los formatos típicos de imagen, como son los formatos *.BMP, *.JPG o *.TIF, entre otros.

Georreferenciación de los mapas. La georreferenciación de la imagen de un mapa es un proceso destinado a corregir las eventuales distorsiones geométricas sufridas en el proceso de escaneo y para asegurar la asignación de las coordenadas espaciales correctas a cada pixel de la imagen de los mapas escaneados. La georreferenciación tiene que hacerse con un software adecuado, que soporte las tareas asociadas a la georreferenciación. Uno de los softwares que da soporte a la georreferenciación de imágenes es Global Mapper (Blue_Marble_Geographics 2011). En el Anexo 9 se discute el proceso de georreferenciación de imágenes con Global Mapper.

Vectorización de mapas. La vectorización de mapas es un proceso que consiste en la conversión de las entidades espaciales y los símbolos de una imagen o mapa raster a formato vectorial (Burrough and McDonnell 1998). La vectorización se puede hacer de forma automática, haciendo uso de módulos de software que "sigan" automáticamente el trazado de cada una de las entidades cartográficas del mapa; de forma semiautomática, haciendo uso de módulos de software que "sigan" de modo semiautomático las entidades seleccionadas por el usuario, y que "pregunten" al usuario el comportamiento a seguir en determinadas situaciones complicadas, como las intersecciones entre entidades; o de forma totalmente manual, usando como base algún software del tipo de Diseño Asistido por Computadora (Computer Aided Design, CAD), como AutoCAD, de Autodesk, o MicroStation, de Bentley. En este caso de vectorización manual se han utilizado recursos como las mesas digitalizadoras, ya prácticamente caídas en desuso, o la llamada vectorización "con la cabeza levantada", tomando como base para la vectorización una imagen, corregida geométricamente y georreferenciada, que se muestra en el monitor de la computadora, sobre la que se trazan las entidades vectoriales, encima de sus correspondientes versiones raster. La vectorización de mapas produce fundamentalmente dos tipos de entidades: puntos aislados y líneas (curvas de nivel). Se pueden vectorizar también polígonos, pero en ese caso, lo trataremos como simples líneas cerradas. Los datos de coordenadas de puntos, resultados de la vectorización de mapas, se almacenan inicialmente en archivos de tipo dibujo, como *.DWG, de intercambio de dibujos *.DXF, de entidades espaciales vectoriales *.SHP, o como tablas de puntos aislados, en archivos *.XLS de Excel, archivos de texto ASCII *.TXT, archivos de textos separados por coma *.CSV y cualesquiera otros similares.

El autor de esta investigación se atiene al principio metodológico prevaleciente dentro del dominio de la tecnología de los SIG, que establece que el problema y su solución son los que determinan cuáles deben ser los datos adecuados y el proceso de resolución, que conducen a la solución del problema. La condición de zona urbana y la existencia de calles estrechas en general en los barrios más antiguos de la ciudad de Luanda, exigen que la resolución espacial del MDT sea no menor que 3 metros, ya que una resolución espacial menor podría no ser capaz de reproducir las calles y pasos estrechos entre edificaciones.

La necesidad de alcanzar esta alta resolución espacial condiciona la necesidad de utilizar una cantidad de puntos suficientes para satisfacer los requisitos cartográficos de cantidad de puntos por unidad de área del levantamiento. Esta condición se debe combinar con la necesidad de mantener un control estricto de la calidad de los datos.

Los levantamientos topográficos de planimetría se realizan con una densidad de puntos que depende de la escala del plano y la equidistancia entre curvas de nivel del terreno, estableciéndose de manera orientativa general, aunque no de forma absoluta, que la equidistancia es igual a una milésima del denominador de la escala. Se trata de escalas de proyecto, sobre todo 1:2000 y 1:500 (Instituto_Geográfico_Militar_del_Ecuador 2006), que son las necesarias para la modelación espacial del terreno con vista a aplicarlas en un modelo hidrológico o hidráulico, para poder evaluar con adecuada exactitud las láminas de escurrimiento para el pronóstico de riesgos y vulnerabilidad, en presencia de lluvias intensas.

Para la elaboración del proyecto de drenaje pluvial, resulta imprescindible ante la inexistencia de un MDT adecuado y desarrollado previamente, verificar la compatibilidad planimétrica y altimétrica de la base de datos espaciales como requisito fundamental antes de pasar a la propia confección del MDT, que de hecho estará compuesta de varias etapas, las cuales serán abordadas oportunamente. Entiéndase que dicha compatibilidad se puede controlar mediante la superposición de los datos de diferentes fuentes de origen (lo que es llamado en la tecnología de los SIG como "análisis de superposición").

Es consideración del autor de esta investigación que se deben verificar la homogeneidad de los datos planimétricos (mapa cartográfico a escala 1:25000, 1:2000 georreferenciado; ortofoto georreferenciada de la zona a estudiar; puntos aislados con cotas y puntos de curvas de nivel tomadas de archivos de dibujo y puntos aislados con cotas, tomados de tablas), tomando como base la cartografía a escala 1:25000. Esta representación permitirá determinar si los datos cartográficos y los datos originados en levantamientos de ingeniería corresponden o no a la misma proyección cartográfica, que para el caso de Luanda y una buena parte de Angola es la UTM, zona 33 Sur, datum Camacupa, y cuyos parámetros pueden ser tomados de la Base de Datos de Parámetros Geodésicos, versión 8.3 (European_Petroleum_Survey_Group_EPSG 2013). De no existir correspondencia entre las proyecciones de los datos de diferentes fuentes, se debe hacer una transformación o corrección, para llevarlos todos a la misma proyección, la ya citada UTM zona 33 Sur, datum Camacupa.

Una vez establecida la compatibilidad planimétrica y proyectados todos los datos en la misma proyección, se debe proceder de manera similar con los datos altimétricos de las diferentes fuentes, a los que se debe evaluar su compatibilidad. Este paso es tan importante o aún más que la comprobación de la misma planimetría. La verificación de la compatibilidad altimétrica de los datos de diferentes fuentes resulta algo más complicada que la verificación de la compatibilidad planimétrica, porque no existen elementos de referencia claros. Es por esto que para estudiar la compatibilidad altimétrica se recurre a herramientas estadísticas como los estadígrafos de la estadística descriptiva: la media, el mínimo, máximo y recorrido de la altitud. Para las comparaciones se debe tener en cuenta la cantidad de datos y sobre todo, la extensión espacial planimétrica de los datos. Estas consideraciones son importantes a la hora de comparar algunos estadígrafos, como la desviación estándar, que pueden depender en gran medida de la cantidad de datos y su extensión espacial planimétrica.

Dentro de esta verificación de compatibilidad, deberá tenerse en cuenta que un manejo inadecuado de los datos espaciales pudiera conducir a un MDT que no refleje debidamente la realidad, lo que atentaría más adelante contra la adecuada configuración de la red de drenaje pluvial proyectada. Los datos provenientes de diferentes fuentes pudieran complementarse con datos de levantamientos topográficos adicionales, a escalas planimétricas entre 1:5000 y 1:2000, para densificar los datos disponibles.

2.1.2 Confección del MDT

La inexistencia de un MDT construido previamente presupone, a partir de la verificación de la compatibilidad de los datos espaciales, un trabajo que se soporta en todos los datos provenientes de las diferentes fuentes disponibles.

Para este paso, pueden ser usadas diversas herramientas computacionales, entre las que se encuentran: AutoCAD, Global Mapper, Surfer, ArcGIS, por solo citar algunas. Con estas herramientas es posible conducir la visualización, manejo, integración, análisis e interpolación de los datos espaciales.

Los requisitos exigidos por el MDT deben ser establecidos y además estrictamente satisfechos, entre los que pueden citar:

- resolución espacial de 3 m o mayor
- cantidad de puntos por unidad de área: 30 puntos/ha

Resulta en extremo conveniente, para la confección del MDT definitivo, apoyarse en las bondades de la información proveniente de las diversas fuentes con el objetivo de realizar interpolaciones suficientemente representativas de la realidad que se pretende modelar y además no contradictorias entre sí al ser mezcladas para obtener variantes de MDT enriquecidos con la información disponible. Siguiendo las ideas generales presentadas en el libro ya clásico (Burrough and McDonnell 1998), cuando los datos son abundantes, la mayoría de las técnicas de interpolación arrojan resultados similares. Sin embargo, cuando los datos son escasos o dispersos, las suposiciones hechas acerca de la variación subyacente que ha sido muestreada y la elección del método de interpolación y sus parámetros puede ser crítica, si se desean evitar resultados engañosos. Los métodos geoestadísticos de interpolación, conocidos popularmente como kriging, intentan optimizar la interpolación mediante la división de la variación espacial en tres componentes:

a. Variación determinística (diferentes niveles o tendencias) que pueden ser tratadas como información útil "suave",
b. Variaciones espacialmente autocorrelacionadas, pero difíciles de explicar físicamente,
c. Ruido no correlacionado

El carácter de las variaciones espacialmente correlacionadas queda encapsulado en funciones tales como los autocovariogramas y los (semi) variogramas, y estos proporcionan información para optimizar los pesos de interpolación y los radios de búsqueda en los esquemas de interpolación.

Los variogramas experimentales se calculan a partir de los datos muestreados en una, dos o tres dimensiones espaciales. Estos variogramas experimentales son ajustados por uno o varios de una cantidad limitada de modelos teóricos de variogramas, que sirven para proporcionar datos (parámetros de los modelos) para calcular los pesos de interpolación.

Los métodos geoestadísticos proporcionan una gran flexibilidad para la interpolación, asegurando modos para interpolar en áreas o volúmenes mayores que el soporte (kriging por bloques), métodos para interpolar datos binarios (kriging indicador), y métodos para incorporar información "suave" sobre tendencias (kriging universal) o estratificación (kriging estratificado). Kriging es un método óptimo, en el sentido de que es del tipo BLUE (Best Linear Unbiased Estimator, mejor estimador lineal insesgado o imparcial). Las diferentes variantes de kriging se adaptan a las condiciones de los datos disponibles. Todos estos métodos de interpolación producen superficies que varían suavemente, y pueden producir, como valor agregado, exclusivo de los métodos de interpolación krigging, una superficie de la varianza de la estimación. Finalmente, la información contenida en los variogramas puede ser usada también para ayudar a optimizar esquemas de muestreo para cartografiar a partir de datos puntuales.

A continuación se discuten los pasos para aplicar los métodos de la Geoestadística para la construcción de los MDT.

Análisis estructural (construcción de variogramas)

El análisis estructural es el primer paso en el estudio de las magnitudes que van a ser sometidas a un proceso de interpolación por kriging. El contenido principal del análisis estructural es la construcción e interpretación de los variogramas, que son curvas que describen las variaciones de los valores observados con el aumento de la distancia entre ellos. En los documentos (Isaaks and Srivastava 1989), (Díaz 2002), (Barnes 2002) y (Henao 2003) se pueden estudiar detalles de la construcción de los variogramas, su interpretación y sus usos.

Ajuste de modelos y estudio de la anisotropía

Una vez construidos el variograma omnidireccional y los variogramas direccionales se procede a su interpretación, al ajuste de los modelos de variogramas y al análisis de la existencia o no de anisotropía en la magnitud estudiada. Los mismos documentos referidos en el apartado anterior pueden ser utilizados para estudiar detalles del ajuste de modelos y estudio de la anisotropía. Como resultado de este paso se tienen los parámetros de los modelos teóricos de variogramas y los parámetros que caracterizan la anisotropía, en el caso de que exista. Estos parámetros de los modelos teóricos son utilizados para dirigir el proceso de interpolación.

Interpolación

La interpolación por cualquiera de los métodos de kriging produce un resultado óptimo desde el punto de vista estadístico, ya que está catalogado como el mejor estimador lineal, por ser de varianza mínima y en el sentido de ser insesgado o imparcial. En los documentos (Isaaks and Srivastava 1989), (Díaz 2002), (Barnes 2002) y (Henao 2003) se discute la interpolación por varios de los métodos de kriging más utilizados.

Se debe llamar la atención de que la interpolación basada en el uso de herramientas matemáticas, entre ellas las de la Geoestadística, supone que la magnitud interpolada tiene un carácter eminentemente continuo (continuidad espacial), por lo que la existencia de discontinuidades notables en el relieve dentro del área de estudio debe ser tratado con el debido cuidado, sectorizando las áreas con continuidad manifiesta, y separándolas de los accidentes que producen discontinuidades.

Filtración pasa bajas

La filtración pasa bajas persigue el propósito de eliminar en el modelo recién interpolado aquellas fluctuaciones de carácter local que le confieren al modelo resultante un carácter o apariencia "áspera" o "rugosa". La filtración pasa bajas, al eliminar las fluctuaciones locales, destaca la componente de tendencia suave en la superficie del modelo. En el Anexo 4 se discuten los aspectos relacionados con el Análisis de Fourier y la filtración, que son de interés para esta investigación. En este proceso de filtración debe asegurarse que el filtro escogido elimine totalmente las fluctuaciones locales de altas frecuencias y solo deje en el modelo las componentes de tendencia de bajas frecuencias.

Remuestreo

Como ya se ha discutido en el Capítulo I, en los casos en que se desea modelar una zona urbana, el remuestreo para aumentar la resolución espacial del modelo resulta indispensable para asegurar que el modelo refleje el comportamiento de las entidades de pequeñas dimensiones espaciales presentes en el área estudiada. El mayor inconveniente teórico del proceso de remuestreo es el enriquecimiento informativo resultante del proceso, al aumentar la resolución espacial, que parte de un modelo con menos riqueza informativa o baja resolución espacial. A pesar de que el remuestreo debe ser realizado con precaución, cuando el MDT corresponda a una zona predominantemente llana, con valores de mínimos y máximos de las cotas muy próximos, se admite el remuestreo sin muchos riesgos de crear rasgos espaciales artificiales espurios, lo que sería el mayor peligro. Una vez que se ha obtenido el MDT de resolución espacial baja, se hace el remuestreo para obtener una nueva malla con alta resolución. Como ya se dijo, es necesario que este proceso de remuestreo se realice con una herramienta que asegure una interpolación adecuada entre los nodos del modelo de baja resolución, lo que generalmente se hace mediante un proceso de interpolación bilineal. El software Global Mapper, de Blue Marble Geographics, cumple con estas exigencias (Blue_Marble_Geographics 2011).

Superposición de la red vial y las áreas construidas al modelo de elevaciones de alta resolución

Para modelar los procesos de drenaje pluvial en un área urbana es indispensable superponer el ambiente construido al modelo de elevaciones de la superficie del terreno. Los rasgos más destacados que deben ser superpuestos son las edificaciones, la red de vías, tanto calles como vías férreas y cualquier otro rasgo del relieve que afecte los patrones de escurrimiento natural. El grado de detalle del ambiente construido depende de la etapa de aplicación del modelo, pues puede variar desde poco detalle, al considerar las manzanas de edificios en su conjunto, en las etapas iniciales de las simulaciones, hasta un alto grado de detalle, donde se consideran cada una de las edificaciones por separado, para las etapas avanzadas de las simulaciones.

2.1.3 Criterios para validar el MDT

Para efectuar la validación del MDT deberán utilizarse todos los criterios posibles, tanto matemáticos, ingenieriles, históricos, geomorfológicos, entre otros. De no existir correspondencia entre el MDT obtenido y la realidad que se pretende modelar, deberán realizarse las revisiones y modificaciones necesarias a la base de datos espaciales hasta que se permita establecer la calidad del MDT como satisfactoria, antes de entrar en la etapa de diseño y revisión de la red de drenaje pluvial, para la que está destinado el modelo.

Análisis de la compatibilidad del modelo con los datos cartográficos a escalas pequeñas

El análisis de la compatibilidad del MDT de alta resolución con los datos cartográficos a escalas pequeñas se puede hacer superponiendo las curvas de nivel del mapa a la escala pequeña sobre el MDT, o construyendo las curvas de nivel a partir del MDT y comparando sus trazados con las de los mapas a escalas pequeñas, haciendo uso de algún software adecuado. Este tipo de operación forma parte de las herramientas analíticas del tipo "análisis de superposición" propias del dominio de los SIG. Las diferentes resoluciones de ambos modelos entrañan la necesidad de aceptar discrepancias naturales, pero se deben rechazar las incompatibilidades groseras (Li 2005). Global Mapper es un buen ejemplo de software que soporta este tipo de análisis (Blue_Marble_Geographics 2011).

Validación recíproca

La validación recíproca es un método para evaluar directamente la calidad del modelo interpolado, por medio de la comparación de los valores predichos con los observados correspondientes a las mismas posiciones planimétricas. Para aplicar el método de validación recíproca se escogen puntos que se excluyen, uno por uno, del proceso de interpolación, que se repite en todos sus pasos para cada punto excluido. Luego se compara el valor observado excluido con el valor predicho por el modelo para la misma posición planimétrica. Cuando se obtienen diferencias pequeñas se tiene una evidencia de la calidad del MDT. De manera semejante, la existencia de residuos positivos y negativos evidencia la inexistencia de errores sistemáticos que reducen la calidad de los MDT. En la medida que se utilicen más puntos y que se encuentren distribuidos de manera más homogénea por el área objeto de estudio se asegura una mejor calidad de la validación.

Evaluación estadística de residuos

El método matemático e ingenieril más objetivo para evaluar la calidad del modelo final de elevaciones es la evaluación estadística de residuos (Li 2005). Consiste en la estimación de las diferencias entre las cotas de los datos y las cotas del modelo, calculadas para los mismos puntos de datos, y sometidas a análisis estadístico. Esta evaluación se diferencia de la validación recíproca tratada en el apartado anterior por el hecho de que en la construcción del MDT no se excluye ningún dato original. Como resultado de esta evaluación estadística, la desviación estándar de los residuos es equivalente al error esperado en la interpolación. Este error esperado se debe comparar con las normas establecidas para la altimetría de precisión correspondiente a la resolución del modelo. Microsoft Excel es un buen ejemplo de software que soporta este tipo de análisis (Microsoft 2013).

Aplicación de criterios históricos cualitativos

Para la aplicación de estos criterios se deben recorrer los lugares identificados con puntos notables del relieve en el modelo, y verificar la llamada "verdad de terreno". Otra manera, algo más subjetiva, es entrevistar a vecinos y conocedores de la zona que se vaya a estudiar, para confirmar si los accidentes, sobre todo negativos, presentes en el MDT definitivo obtenido, coinciden o no con la "verdad de terreno", y verificar que presentan mayores niveles de encharcamiento.

2.2 Obtención y revisión del diseño de la red de drenaje pluvial

2.2.1 Recopilación de información necesaria

Este apartado se ha estructurado de acuerdo con las diferentes etapas de diseño y de revisión de una red de drenaje pluvial. De forma general, en cualquier proceso de diseño, se parte de una base de datos accesible (topográfica, edafológica, hidrológica e hidráulica). Se deberá esquematizar un trazado preliminar de la red de drenaje pluvial o definir a partir de planos los trazados existentes. No se puede analizar el funcionamiento o dimensionar una red si no se cuenta con los datos mencionados.

Como criterio para establecer la capacidad de infiltración, se supone que las subcuencas definidas en la zona donde se implemente la estrategia propuesta tienen cierta capacidad de infiltración y que obedece a un modelo en función del contenido de humedad precedente del suelo, y su permeabilidad, entre otros. Durante la ocurrencia de la precipitación, siempre que la intensidad de la lluvia sea menor que dicha capacidad de infiltración, entonces se infiltra todo lo que llueve. En caso contrario, cuando llueve con una intensidad mayor que la capacidad de infiltración, la diferencia se traduce en escurrimiento. La velocidad de infiltración es característica de cada cuenca e independiente de la intensidad de la lluvia.

Es recomendable la revisión de los ensayos de campo con un nivel de confianza adecuado, con el objetivo de caracterizar la permeabilidad de las diferentes unidades o formaciones geológicas presentes en el área de estudio. De no contarse con estudios referidos a datos de permeabilidad de los suelos, sobre todo basados en mediciones de campo, el autor de esta investigación recomienda su estimación, tal como se expresa en (Da Silva, Martínez et al. 2014b).

Antes de proceder al estudio de la red de drenaje pluvial, resulta indispensable hacer un **análisis espacial preliminar** de las relaciones existentes entre el sector objeto de estudio y los sectores vecinos, para esclarecer el comportamiento de los escurrimientos entre los barrios colindantes; de dónde viene y hacia dónde se dirige el escurrimiento entre barrios vecinos. El conocimiento de los caudales aportados debe ser tenido en cuenta en el proceso de diseño. El MDT y la cartografía disponibles pueden ser usados como apoyo para este estudio, pero los niveles de información deben ir incrementándose a medida que se mejore el conocimiento sobre el barrio objeto de estudio.

El trazado de la red de drenaje pluvial, por razones económicas, debe tender a ser una réplica subterránea del drenaje pluvial superficial natural. El escurrimiento, siempre que sea posible, debe ser por gravedad, excepto en aquellas zonas donde sea necesario el bombeo. El trazado se inicia con la definición del sitio o de los sitios de vertido, a partir de los cuales puede definirse el trazo de colectores y emisores. Una vez definido esto, se traza la red de sumideros. En ambos casos, pueden elegirse varias configuraciones o trazos. (Ver Figura 2.2).

2.2.2 Diagnóstico de la red de drenaje pluvial

En un segundo nivel de este proceso de diseño, es preciso recabar información pluviográfica y/o pluviométrica de aquellas estaciones climatológicas que se encuentren tanto dentro como cerca de la zona en estudio. La información proveniente de datos pluviográficos puede presentarse en forma de mapas de isoyetas, hietogramas de lluvia, curvas de masa o curvas Intensidad – Frecuencia – Duración (IFD). En cambio, la información proveniente de datos pluviométricos, brinda la lámina de lluvia diaria, sin una distribución temporal (a escala de evento), por lo que en ocasiones es pertinente introducir patrones de lluvia adimensionales, aplicando analogía con cuencas vecinas o a partir de estudios reportados en la literatura especializada (Mul 2009). Con la información anteriormente descrita, es posible obtener la tormenta o lluvia de diseño.

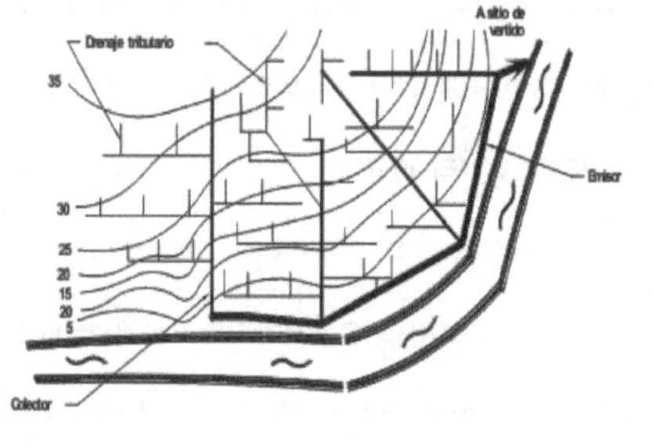

a) Modelo perpendicular

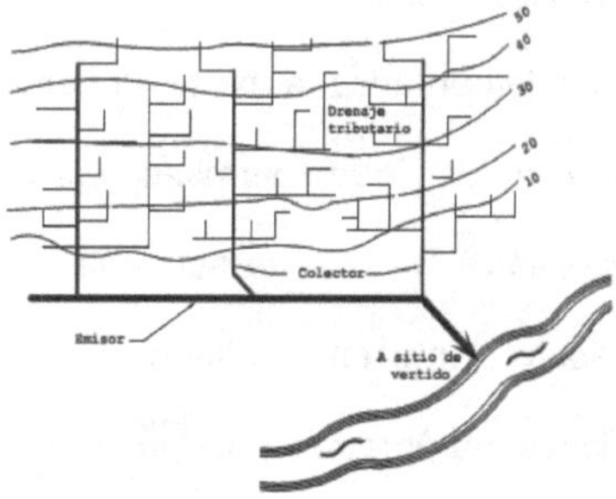

b) Modelo de interceptores

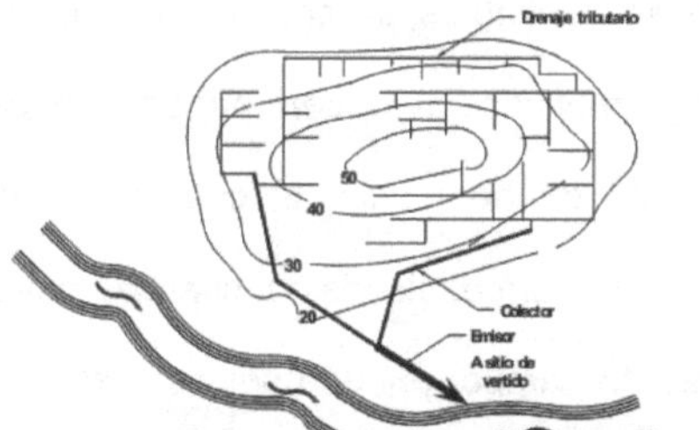

c) Modelo radial

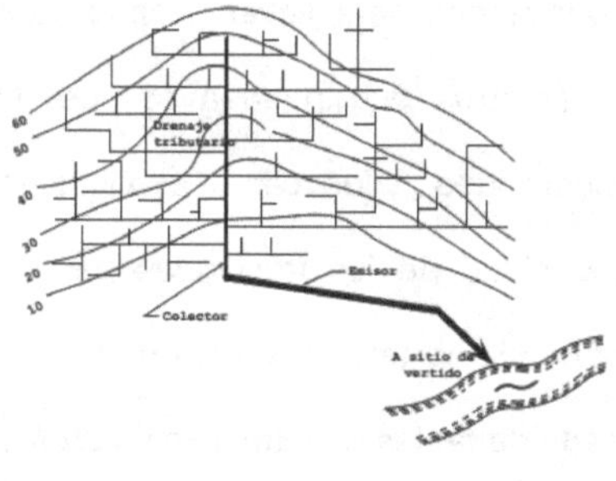

d) Modelo en abanico

Figura 2.2. Diferentes configuraciones de red de drenaje pluvial.
Fuente: (CONAGUA 2007).

Para las localidades que se caracterizan por la ocurrencia de un número reducido de lluvias en el año, algunas de ellas de gran intensidad y de corta duración, los valores de intensidad de precipitación para diferentes períodos de retorno T_r pueden obtenerse a través de curvas IFD, así como los criterios de riesgo de inundación asociados fundamentalmente a la determinación de las tormentas de diseño en forma de hietogramas. (Da Silva, Martínez et al. 2014b).

Resulta de especial interés, en este nivel de la estrategia presentada, la selección del modelo de infiltración, partiendo de la información existente de tipo y usos de suelo en la cuenca urbana analizada. El modelo seleccionado estará en función de la calidad de dicha información, así como de estudios complementarios a partir de ensayos de campo con niveles de confianza adecuados, que permitan caracterizar los parámetros de infiltración en cuestión. De no existir este tipo de ensayos, si existen registros de escurrimiento en la cuenca en forma de hidrogramas o huellas de avenida, dichos parámetros pueden incluirse en el proceso de calibración (Sánchez 2012a). Este proceso será discutido más adelante. Siempre y cuando existan condiciones para llevar a cabo mediciones confiables de conjunto con otros parámetros que pueden ser de difícil cuantificación, deben hacerse estas mediciones, tales como el almacenamiento en depresión, el coeficiente de rugosidad de las fracciones permeable e impermeable de la cuenca, entre otros. En la total ausencia de mediciones de campo, pueden ser estimados a partir de tablas e instructivos, recomendaciones de expertos, entre otros.

Una vez establecidos los niveles de información disponible relativos a la topografía (MDT), tipo y uso del suelo, precipitación y escurrimiento (ver Figura

2.2), quedan sentadas las bases para iniciar la modelación matemática de la cuenca urbana en estudio, partiendo de que en cualquiera de las posibles variantes que se planteen, predomina la escasez de datos. En este sentido, en función de la información disponible, serán conducidos enfoques que, estructurados por etapas, permitan arribar al diseño racional de la red de drenaje pluvial en estudio.

En sentido general, se han estructurado tres grandes bloques:

- **Diagnóstico:** En este nivel de la estrategia de diseño, existen cuatro etapas. En función de la disponibilidad de información (hietogramas de lluvia sintéticos o reales, hidrogramas, huellas de avenida), pueden ser efectuadas la posible calibración y posterior simulación, para finalmente obtener aquellas vías expuestas a mayores peligros en términos de velocidad y profundidad de circulación. La estrategia de calibración adoptada es la propuesta por (Sánchez 2012a), diseñada para cuencas no instrumentadas; es decir, con escasez de datos.

  De no existir información suficiente para calibrar el modelo utilizado, la selección de los parámetros para la modelación hidrológico-hidráulica puede establecerse como ha sido mencionado con anterioridad, a partir de criterios de experto, tablas e instructivos en función de las características de la cuenca urbana.

- **Diseño:** Una vez obtenidas aquellas vías de mayor peligro en términos de velocidad y profundidad de circulación, se procede al diseño de la red de drenaje pluvial para determinado periodo de retorno T_r, el cual es seleccionado acorde con normativas existentes (UTGSL 2012) y donde será efectuado el dimensionamiento de conducciones, captaciones y estructuras complementarias. Los caudales de diseño obtenidos dependerán de las condiciones topográficas, del criterio de peligro empleado y de la tormenta de diseño asociada, así como del área a drenar. De esta manera, se deben dimensionar las estructuras del sistema de drenaje pluvial de acuerdo a criterios particulares de diseño, construcción y operación.

Es válido destacar que para este nivel de la estrategia presentada pueden ser empleadas diferentes herramientas de diseño racional de redes de drenaje pluvial. Resultarían muy atractivas aquellas soluciones que sea posible concebir, si el modelador dispone de herramientas que introduzcan técnicas de optimización, para obtener la red de drenaje pluvial de costo mínimo.

- **Verificación:** En este nivel de la estrategia presentada, debe verificarse el diseño a partir del tránsito de avenidas por la red de drenaje pluvial para periodos de retorno superiores al de diseño. Con ello se pretende evaluar la posible sobrecarga o no de la red, tanto en el interior de los conductos como en los nodos de la misma, con el objetivo de evaluar si las estructuras de la red han sido subdiseñadas o resultan sobrediseñadas durante la operación del sistema.

En la Figura 2.3 se resume la propuesta de diagnóstico, diseño y verificación de una red de drenaje pluvial.

2.2.3 Consideraciones sobre la estrategia de calibración introducida

La identificación de parámetros en una cuenca urbana con escasez de datos, mediante el proceso de calibración debe disminuir las elevadas incertidumbres en la respuesta del modelo que sea empleado. Los esfuerzos deben enfocarse en reducir tales incertidumbres a niveles tolerables para los objetivos que se persiguen. De acuerdo con (Sánchez 2012a), es razonable en una primera fase del proceso de calibración, construir un modelo conceptual con poco nivel de discretización, con el objetivo de arribar a una primera aproximación en la estimación de los parámetros de interés. Bajo esa premisa, puede ser introducido el modelo SWMM, a pesar de que éste no cuenta con un algoritmo para la calibración automática de parámetros.

Para su utilización, se introduce la estrategia de (Sánchez 2012a), cuyo basamento es la evaluación sistémica y algorítmica de cierta función objetivo, implementada sobre dos modelos conceptuales, uno concentrado (ver Figura 2.3, Etapa I) y otro semidistribuido (ver Figura 2.3, Etapa II). En la primera puede ser aplicado el modelo de depósito no lineal (MDNL), el cual está implementado en el bloque RUNOFF del modelo SWMM, y en la segunda, la aplicación directa del modelo SWMM con un mayor nivel de discretización de la cuenca en estudio. En este proceso de identificación de parámetros pueden ser obtenidas las estimaciones correspondientes a los coeficientes de rugosidad de las fracciones de área permeable e impermeable de las subcuencas, almacenamiento en depresión y en caso que sean desconocidos, los de infiltración. En la Figura 2.4 se presenta en detalle una adaptación de la propuesta de (Sánchez 2012a) orientada al proceso de calibración en la etapa de diagnóstico, dentro de la estrategia general que se está elaborando, para el diseño de sistemas de redes de drenaje pluvial para la ciudad de Luanda.

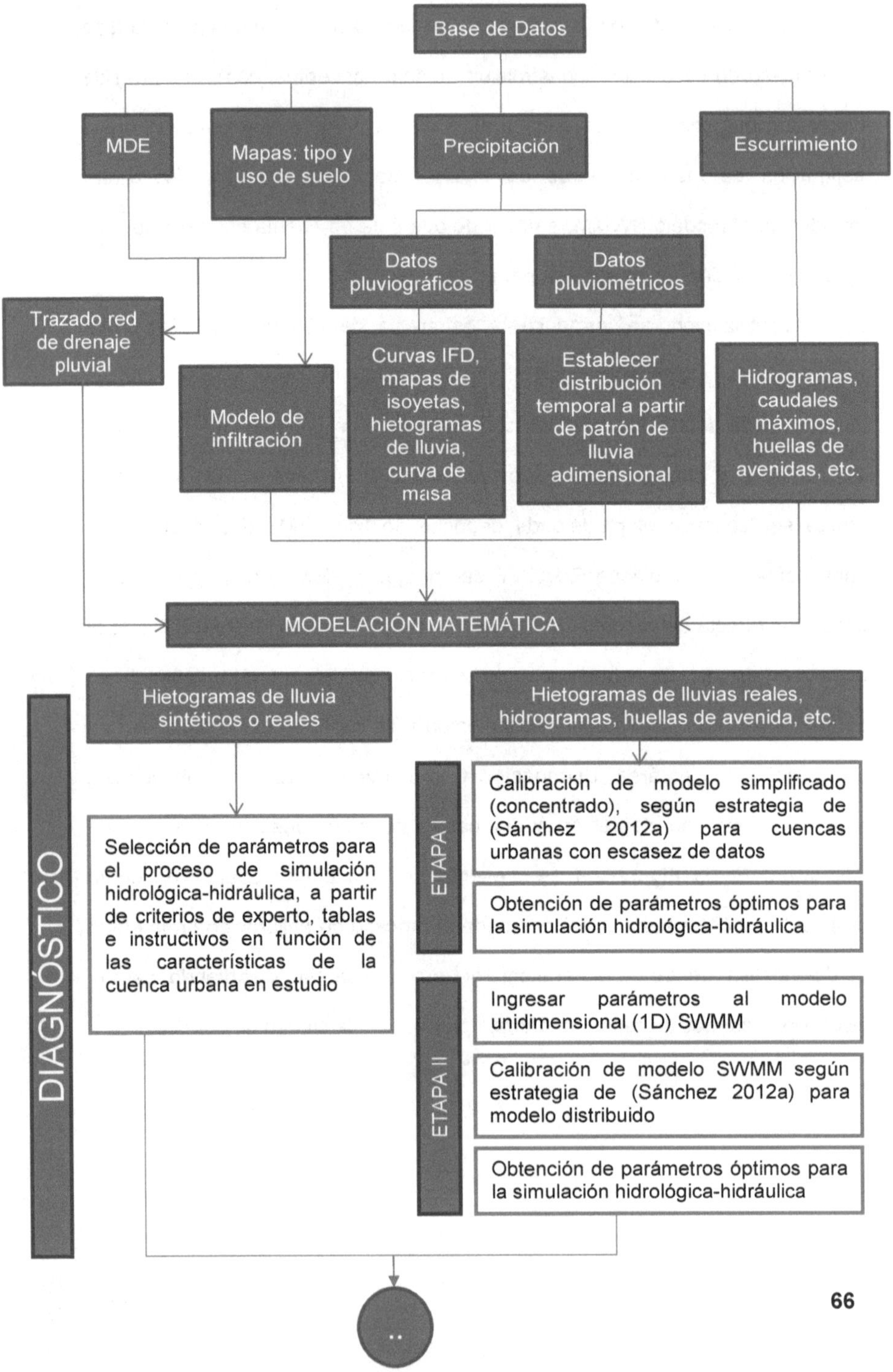
Base de Datos
MDE
Mapas: tipo y uso de suelo
Precipitación
Escurrimiento
Datos pluviográficos
Datos pluviométricos
Trazado red de drenaje pluvial
Modelo de infiltración
Curvas IFD, mapas de isoyetas, hietogramas de lluvia, curva de masa
Establecer distribución temporal a partir de patrón de lluvia adimensional
Hidrogramas, caudales máximos, huellas de avenidas, etc.
MODELACIÓN MATEMÁTICA
DIAGNÓSTICO
Hietogramas de lluvia sintéticos o reales
Selección de parámetros para el proceso de simulación hidrológica-hidráulica, a partir de criterios de experto, tablas e instructivos en función de las características de la cuenca urbana en estudio
Hietogramas de lluvias reales, hidrogramas, huellas de avenida, etc.
ETAPA I
Calibración de modelo simplificado (concentrado), según estrategia de (Sánchez 2012a) para cuencas urbanas con escasez de datos
Obtención de parámetros óptimos para la simulación hidrológica-hidráulica
ETAPA II
Ingresar parámetros al modelo unidimensional (1D) SWMM
Calibración de modelo SWMM según estrategia de (Sánchez 2012a) para modelo distribuido
Obtención de parámetros óptimos para la simulación hidrológica-hidráulica
..

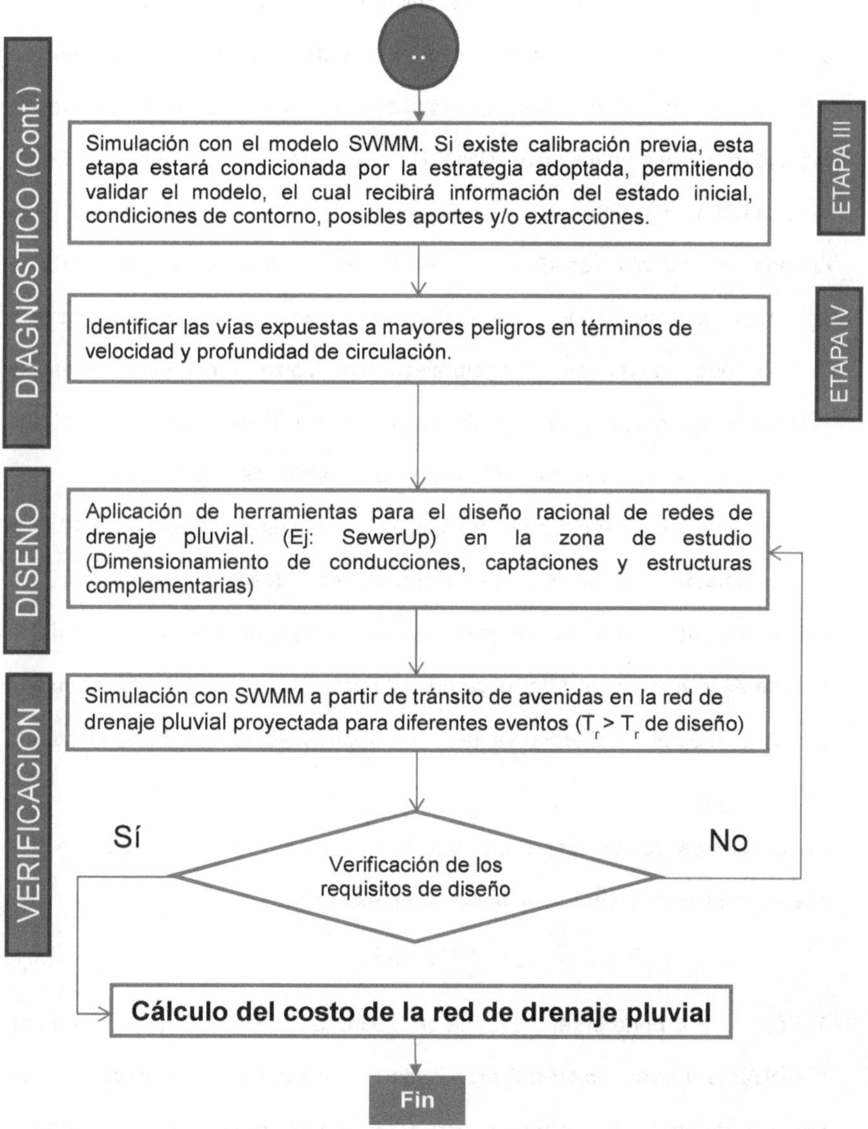

Figura 2.3. Procedimiento para el diagnóstico, diseño y verificación de una red de drenaje pluvial.

Fuente: Elaboración propia.

En la Etapa I el modelo conceptual simplificado representado como planos que aportan de manera concentrada a un canal de drenaje, sobre el cual se implementará un esquema de solución apoyado en las ecuaciones que rigen el módulo de cálculo hidrológico RUNOFF del SWMM para flujo uniforme. Como esta descrito en la Figura 2.4, el paso inicial consiste en ingresar los datos de entrada al modelo (condiciones de frontera, parámetros, geometría y estructura del sistema). En esta fase se identifican y acotan los parámetros a calibrar, que pueden ser de naturaleza hidrológica o hidráulica según la respuesta del modelo. El módulo RUNOFF del SWMM utiliza entre sus métodos para calcular la infiltración, el modelo de Horton en el área impermeable y permeable de la cuenca. Tal como sugiere (Sánchez 2012a), si los parámetros del modelo de infiltración son desconocidos, es posible establecer una estimación del valor de éstos, partiendo del área total de la cuenca A_c y el volumen total escurrido W para el evento analizado, calculado como la integral bajo la curva del hidrógrafo observado a la salida de la cuenca.

En efecto, es posible partir del cálculo de la precipitación media efectiva observada Pe de acuerdo con la siguiente expresión:

$$_e = \frac{1}{A_c}\int_0^t Q(t)dt \; . \qquad (2.1)$$

Tal como se expone en el diagrama de bloque de la Figura 2.4, se procederá a evaluar la función objetivo F expresada a través del error cuadrático, la cual depende del vector de los parámetros **β**, tal y como se muestra en la ecuación (2.2):

$$\min F(\beta)\ , \text{ para } \quad F(\beta) = \{P_{es}(\beta) - P_e\}^2 \qquad (2.2)$$

donde β es el vector de los parámetros del modelo de infiltración; en el caso del propuesto por Horton: f_o es la tasa de infiltración máxima (mm/h); F es la tasa de infiltración mínima, equivalente a la conductividad hidráulica o permeabilidad del suelo (mm/h); k es la constante de decaimiento (s^{-1}); por lo tanto $\beta = [f_o, F, k]^T$, P_{es} y P_e son las láminas media de escorrentía directa simulada y observada, respectivamente.

Después de la calibración del modelo de infiltración, se debe estimar el coeficiente de rugosidad *n*, tanto en la zona permeable como impermeable de la cuenca. Esta etapa permite acotar y reducir el intervalo en que se mueven los parámetros hidráulicos y sirve como punto de partida para el ajuste del modelo conceptual semidistribuido (Etapa II, ver Figura 2.3), en el cual, de ser necesario, y en función de la correlación, se deben ir haciendo modificaciones adecuadas, hasta alcanzar el ajuste deseado, que consecuentemente es el objetivo perseguido para la Etapa I.

Con los parámetros anteriormente obtenidos, resulta indispensable estructurar una función objetivo, articulada con algún algoritmo o estrategia de calibración, orientado a reducir la discrepancia entre los caudales de escurrimiento modelados y los medidos, ya sea directa o indirectamente.

Los valores obtenidos en el análisis sobre el modelo concentrado son introducidos en el modelo conceptual con mayor nivel de discretización (semidistribuido) acotados en un intervalo mucho menor que el que fue concebido en la Etapa I. A partir de este tipo de modelación se ejecuta la simulación del evento para verificar la calidad de la calibración en base al nivel de correlación entre los valores simulados y observados.

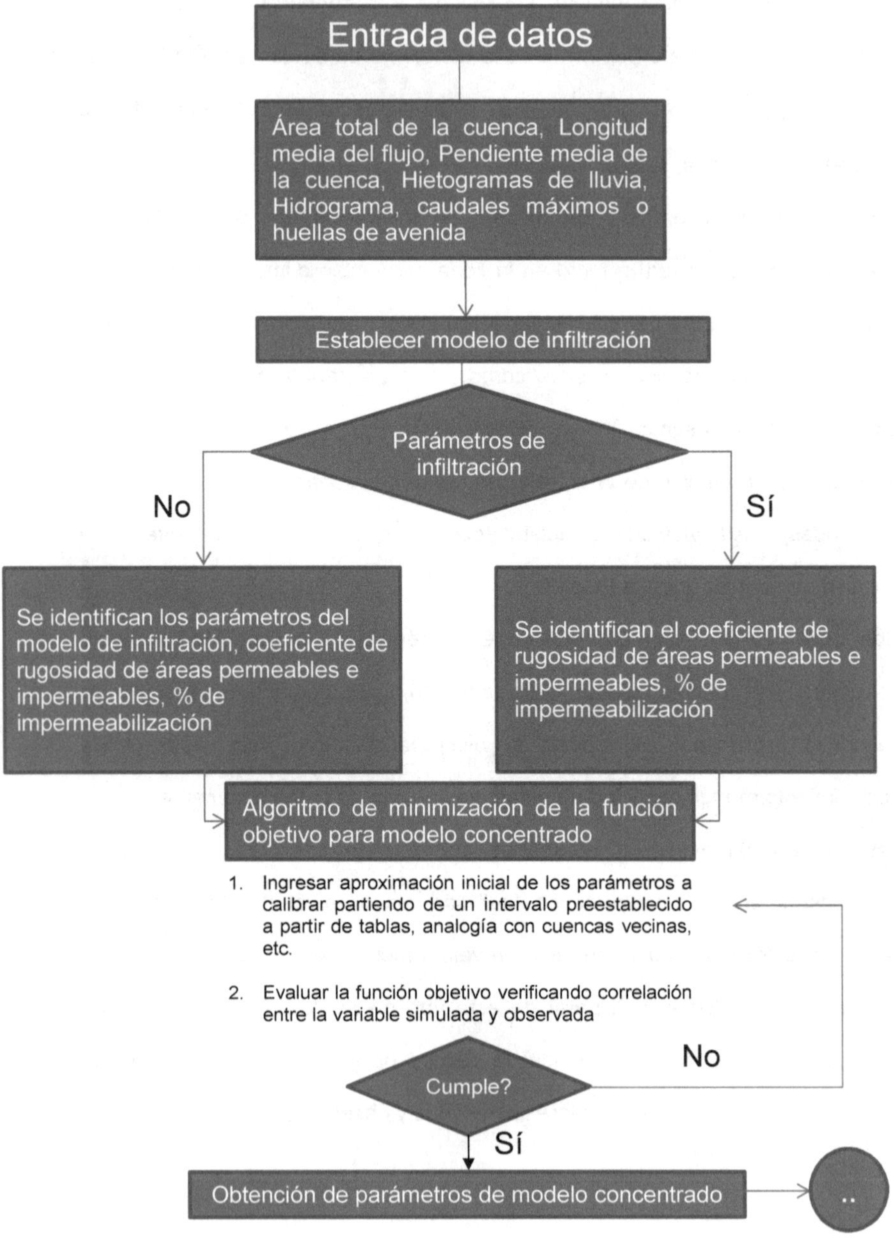
Entrada de datos
Área total de la cuenca, Longitud media del flujo, Pendiente media de la cuenca, Hietogramas de lluvia, Hidrograma, caudales máximos o huellas de avenida
Establecer modelo de infiltración
Parámetros de infiltración
No
Sí
Se identifican los parámetros del modelo de infiltración, coeficiente de rugosidad de áreas permeables e impermeables, % de impermeabilización
Se identifican el coeficiente de rugosidad de áreas permeables e impermeables, % de impermeabilización
Algoritmo de minimización de la función objetivo para modelo concentrado
1. Ingresar aproximación inicial de los parámetros a calibrar partiendo de un intervalo preestablecido a partir de tablas, analogía con cuencas vecinas, etc.
2. Evaluar la función objetivo verificando correlación entre la variable simulada y observada
Cumple?
No
Sí
Obtención de parámetros de modelo concentrado
..

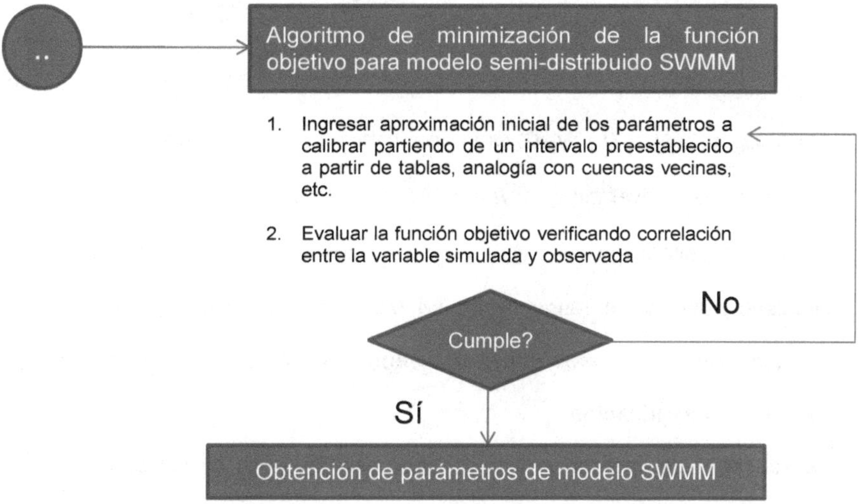

Figura 2.4 Estrategia de calibración empleada en la propuesta de diseño
Fuente: Adaptado de Sánchez (2012)

La evaluación de la función objetivo, ver ecuación (2.3), indica que existen dos criterios que pueden ser tomados en cuenta simultáneamente o por separado, en función de la información disponible. El primer término en la ecuación (2.3) representa de forma adimensional la suma de los errores cuadráticos en los caudales de escurrimiento instantáneos, y el segundo término, el caudal *pico* o máximo que ocurre durante el evento lluvioso analizado. La combinación de ambos criterios es efectuada a través de parámetros de ponderación w_1 y w_2 que pueden ser escogidos entre 0 y 1. En caso de que se cuente con la información requerida, es posible determinar aquella combinación de w_1 y w_2 que produce los mejores resultados a partir de un diseño de experimento numérico concebido por el modelador durante esta etapa de calibración. Si solo se dispone de información relativa a los gastos máximos, entonces resulta conveniente adoptar $w_1 = 0$ y $w_2 = 1$.

$$\min F(\theta) = w_1 \sum_{j=1}^{N} \left\{\frac{Q_{sj}(\theta)-Q_j}{Q_j}\right\}^2 + w_2 \left\{\frac{\max(Q_{sj})-\max(Q_j)}{\max(Q_j)}\right\}^2, \quad (2.3)$$

donde: θ es el vector de los parámetros del modelo hidráulico $\theta = [n_{imp}, n_{perm}]^T$; Q_{sj} y Q_j son los caudales instantáneos observado y simulado, respectivamente (m^3/s); N es la cantidad de nodos temporales del periodo de calibración; $\max(Q_{sj})$ y $\max(Q_j)$ son los caudales máximos (pico) simulado y observado, respectivamente, para el evento lluvioso analizado.

2.2.4 Consideraciones sobre el diseño hidráulico de la red de drenaje pluvial y su verificación

La selección del método adecuado para diseñar obras de protección contra inundaciones depende, en principio, del tipo de problema por resolver (entre otros, magnitud de la obra, precisión requerida, características de la cuenca) y de la información disponible, de manera que el esfuerzo que se realice en el estudio debe corresponder con los beneficios que se esperan de la precisión en los resultados.

Existen factores de tipo subjetivo, como es la experiencia del diseñador en la aplicación de un método particular, que influye en la decisión adoptada. Por tanto, una vez definida la zona en estudio, se procederá a dividir en áreas de aportación, donde se encontrará la red de sumideros, la que deberá reconocer el subcolector que se localizará en la parte baja de dichas áreas.

Los subcolectores aportarán el caudal que conducen a los colectores y éstos finalmente al emisor que descargará el gasto en el sitio de vertido; con base en lo anterior, es posible dividir el sistema de drenaje pluvial, para su diseño en:

- Red de sumideros (red secundaria)
- Colectores (red primaria)
- Emisores (sistema de desagüe)

La verificación del diseño hidráulico permite identificar que cuando la red se diseña para una lluvia que tiene un T_r menor que aquel que puede llegar a presentarse en el momento dado, entonces los caudales en la red no pueden ser conducidos en su totalidad, produciendo desbordamientos, los cuales pueden dar lugar a encharcamientos e inundaciones no deseadas en las vías.

En esta etapa, partiendo de una simulación a partir de un tránsito hidráulico en la red, se contempla la posibilidad de prever esta situación, introduciendo modificaciones en el diseño original hasta el cumplimiento de dichas condiciones, para así evitar daños a las vías asociados a la ocurrencia de este fenómeno. El autor de esta investigación recomienda el empleo del SewerUp entre las herramientas adecuadas disponibles, debido a sus fortalezas, entre las que se pueden mencionar que racionaliza el diseño a partir de una adecuada selección de fronteras. Tiene la posibilidad de asimilar el MDT a partir de archivos *.DXF, puede importar o exportar archivos de texto ASCII de extensión *.CSV para ser leídos por aplicaciones de AutoCAD Civil 3D; además, importa capas de datos de archivos originados en SIG, propone tuberías de PVC con una amplia gama de diámetros, que pueden ser modificadas o actualizadas, a pesar de tener incorporada la fórmula racional para la determinación de caudales máximos, con sus limitaciones.

2.3 Costo anual de la red de drenaje pluvial

El costo total anual, el cual estaría en función del T_r seleccionado, está dado por la siguiente expresión:

$${}_T = {}_I + {}_M + {}_D, \qquad (2.4)$$

donde C_T es el costo total anual; C_I es el costo anual de la red; C_M es el costo anual de mantenimiento de la red, que puede ser considerado constante e independiente del T_r, y C_D es el costo esperado de daños.

El costo anual de la red C_I, para que durante N años se pague considerando una tasa de interés anual *i*, es posible calcularlo como:

$$C_I = F\left[\frac{i}{1-(1+i)^{-N}}\right], \tag{2.5}$$

donde F es el valor de la inversión, la cual es obtenida para el T_r de drenaje pluvial establecido en el proceso de diseño.

El costo de mantenimiento C_M se incluye en el costo total anual, porque hay que tomar en cuenta los costos por desazolve, reparaciones, entre otros, y se ha considerado que este costo es igual para todos los periodos de retorno. Este costo además se puede expresar como un porcentaje α del costo total anual ($\alpha = 0.02$ a 0.03); es decir:

$$C_M = \alpha\, C_T \tag{2.6}$$

Para cada T_r, también es posible calcular el costo de daños C_D que se tendría en caso de presentarse las condiciones de un periodo de retorno mayor que el de diseño. Es posible construir, entonces, una curva a partir de un sistema de ejes cartesianos: en las abscisas la probabilidad de excedencia $p = 1/T_r$, y en las ordenadas el correspondiente costo de daños. El área bajo la curva corresponde al valor esperado del costo de daños en cualquier año.

Conclusiones parciales del Capítulo II

Como resultado del análisis bibliográfico realizado, del estudio del estado del arte, y de la identificación de las condiciones de los barrios de Luanda que resultan de interés para resolver el problema planteado, se pueden adelantar las siguientes importantes conclusiones:

1. Fueron identificados los requisitos que deben cumplir los MDT que sirvan de base para la simulación de los procesos hidrológicos e hidráulicos en un entorno urbano: reflejar la tendencia general del relieve, tener una resolución espacial alta, cumplir con todos los criterios de validación de la calidad que sean establecidos y presentar la superposición del ambiente construido encima del relieve natural.
2. Fueron identificadas las tareas de diagnóstico, diseño y verificación y sus contenidos, como etapas indispensables en el análisis y simulación de redes de drenaje pluvial en las condiciones locales de los barrios de la ciudad de Luanda.
3. Fueron analizadas las ideas generales para dar cumplimiento a las tareas de diagnóstico, diseño, y verificación de redes de drenaje pluvial, empleando como base la combinación de los MDT, los mapas de tipo y uso de suelo, los datos hidrológicos de precipitación, los datos hidráulicos de escurrimiento y algunas herramientas para la modelación matemática.
4. Como resultado del análisis de esas ideas generales, quedó sintetizada una estrategia para el diseño de redes de drenaje pluvial, empleando una integración de recursos de modelación, como son los MDT, y los modelos de simulación hidrológica e hidráulica, que puede ser usada en las condiciones de los barrios de la ciudad de Luanda.

CAPÍTULO III. IMPLEMENTACIÓN DE LA ESTRATEGIA PROPUESTA A UN CASO DE ESTUDIO: BARRIO MARÇAL, LUANDA, ANGOLA

Para desarrollar la estrategia propuesta se escogió, como caso de estudio dentro de la ciudad de Luanda, el municipio Rangel y dentro de este el barrio Marçal, por ser uno de los barrios de la ciudad con mayor problemática respecto al tema del drenaje pluvial, además de contar con el mínimo suficiente de información para desarrollar la investigación. Este histórico asentamiento, al igual que Rangel, Zangado, Terra Nova y Vila Alice, surgieron en la época colonial y registran hasta hoy un sostenido aumento de la densidad de población (SOGREAH-COBA 2007), (de Almeida 2011).

Dos estaciones climáticas caracterizan la zona: la estación seca (llamada también *casimbo,* que se extiende de junio a septiembre) y la estación húmeda (que se extiende de octubre a mayo). El valor de la precipitación media es de 360 a 380 mm/año, y se presentan temperaturas medias anuales de 26 a 27°C, con humedad relativa entre 80 y 82%, atribuyéndose al área de estudio la clasificación climática de tropical caliente a seco, según Thornthwaite e Köppen, descrita en (Pereira, Angelocci et al. 2002).

3.1 Análisis cualitativo de los datos topográficos a escala 1:25000

La zona de interés, el barrio Marçal, está ubicado en un área predominantemente llana, con valores de cotas alrededor de 70 m, con relieve ligeramente en forma de silla de montar. La Figura 3.1 muestra el resultado de la superposición de la ortofoto de un fragmento de la ciudad de Luanda sobre el mapa a escala 1:25000. El polígono marcado en color rojo delimita el barrio Marçal.

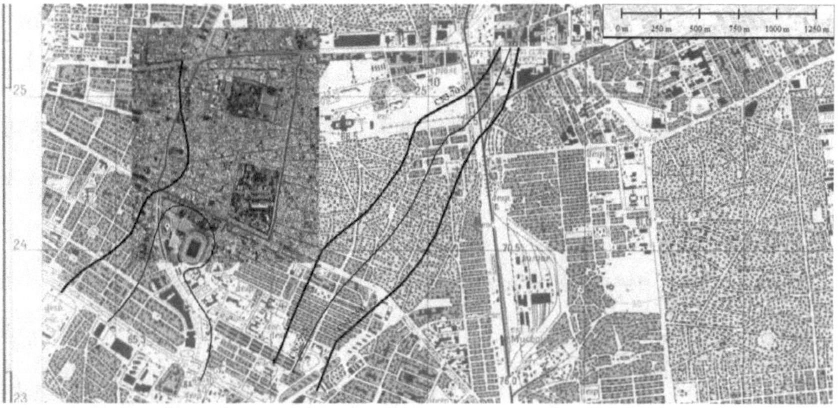

Figura 3.1. Fragmento de la hoja Cacuaco, del mapa 1: 25000.
Fuente: (IGCA 1987).

3.2 Adquisición y pre-procesamiento de los datos

Además de los datos cartográficos a escala 1:25000, tomados como referencia, se recopilaron datos topográficos adquiridos por diferentes instituciones (Gobierno provincial de Luanda, Unidad Técnica de Gestión y Saneamiento de Luanda, UTGSL) y presentados en diferentes soportes (tablas y dibujos) y formatos (*.DWG, *.DXF, *.XLS, *.TXT), referidos todos al barrio Marçal. En resumen, se dispuso de datos de curvas de nivel, identificados como CN, de puntos aislados de dibujos, identificados como DW y de datos tabulados, identificados como XL. Para integrar estos datos se hace necesario inicialmente un pre-procesamiento, con el que se asegure la compatibilidad planimétrica de los datos.

El pre-procesamiento consistió primero en transformar o representar los datos presentados originalmente en forma de curvas de nivel, mediante puntos aislados, que coinciden con los nodos de las curvas. Como resultado de los análisis comparativos se descubrió una incompatibilidad planimétrica, consistente en diferencias en la proyección cartográfica utilizada por las diferentes fuentes de datos. Esta incompatibilidad fue corregida durante el pre-procesamiento, al ser llevados los datos de todas las fuentes a la misma proyección cartográfica: UTM, zona 33 Sur, datum Camacupa (European_Petroleum_Survey_Group_EPSG 2013). La Figura 3.2 muestra el gráfico de la superposición de datos de diferentes fuentes de origen. A la izquierda, antes del pre-procesamiento (datum de los puntos: WGS84, diferente del datum de la cartografía 1:25000); a la derecha, después del pre-procesamiento (datum de los puntos: Camacupa, el mismo de la cartografía 1:25000) (Da Silva, Escartín et al. 2014a)

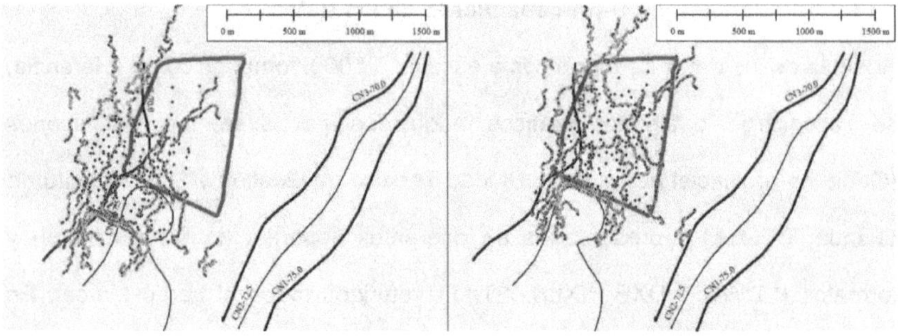

Figura 3.2. Superposición de datos de diferentes fuentes de origen, tomando como referencia la cartografía 1:25000.
Fuente: (Da Silva, Escartín et al. 2014a)

Como resultado del pre-procesamiento, se asegura la compatibilidad planimétrica de los datos de diferentes fuentes de origen.

3.3 Evaluación de la calidad de los datos de diferentes fuentes de origen

Este paso resultó necesario para evaluar la compatibilidad altimétrica de los datos provenientes de diferentes fuentes, una vez asegurada la compatibilidad planimétrica de los datos. La Tabla 3.1 muestra el resultado del análisis estadístico de los datos altimétricos disponibles.

Como se puede apreciar en la Tabla 3.1, los datos provenientes de las tres fuentes tienen valores de cotas medias similares. Las desviaciones estándar también se consideran similares, teniendo en cuenta la cantidad de puntos aportados por cada fuente, y la extensión espacial de los datos de cada fuente. Los datos de curvas de nivel son los más abundantes (3645 puntos), pero se extienden en un área más allá de los límites del barrio Marçal. Las diferencias en los valores medios de las cotas de las tres fuentes no superan los 25 cm, lo cual ha sido interpretado como que todos los datos están calificando adecuadamente la altimetría de la misma zona de interés. Los valores comparables de las desviaciones estándar y el resto de los estadígrafos refuerzan este criterio. La Figura 3.3 muestra el gráfico de la extensión planimétrica de los datos. El rayado horizontal corresponde a los datos de curvas de nivel (CN, 3645 puntos). El rayado vertical corresponde a puntos de dibujo (DW, 119 puntos). El rayado inclinado corresponde a puntos tabulados (XL, 71 puntos). Como referencia, se incluye el contorno del barrio Marçal.

Tabla 3.1. Resumen del análisis estadístico de los datos altimétricos.
Fuente: (Da Silva, Escartín et al. 2014a).

Estadígrafo	**Curvas de Nivel CN**	**Puntos Aislados de Dibujo DW**	**Puntos Tabulados XL**
Cota Media	69,479561	69,5168067	69,7167606
Desviación Estándar	1,04163166	0,64942208	0,70517632
Recorrido	5,5	3,3	3,3
Mínimo	66,0	67,6	67,8
Máximo	71,5	70,9	71,1
Conteo	3645	119	71

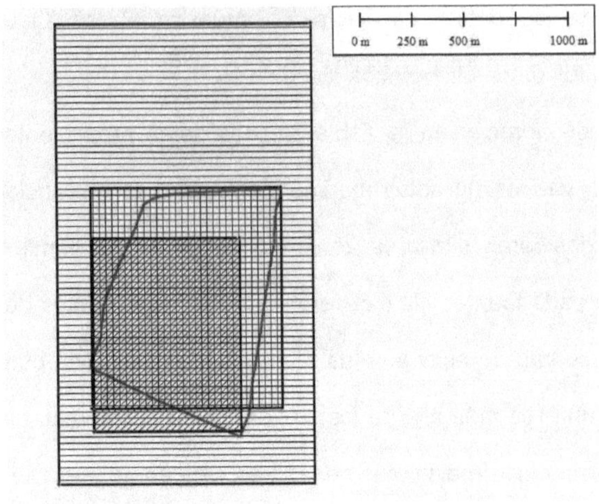

Figura 3.3. Extensión planimétrica de los datos
Fuente: (Da Silva, Escartín et al. 2014a).

3.4 Definición de procedimientos y creación de nuevos datos a partir de criterios matemáticos

En este apartado se discuten los procedimientos aplicados sobre los datos para crear los modelos intermedios y el modelo final.

a) Análisis geoestadístico estructural y construcción de variogramas del conjunto de todos los datos

En el caso de los datos altimétricos de la zona del barrio Marçal, el resultado del estudio de los variogramas observados se resume en la Figura 3.4. A la izquierda, se muestra el variograma en la dirección de mayor variabilidad (azimut 320°). A la derecha, se presenta el variograma en la dirección de menor variabilidad (azimut 50°) de los datos altimétricos. Ambos variogramas direccionales se ajustan a un mismo modelo esférico (curvas continuas), con iguales valores de Meseta (normalizados a 1), pero con diferentes valores del parámetro Alcance, lo que resulta un caso relativamente favorable y común en las Geociencias. Como se puede apreciar, estas diferencias en los alcances reflejan una manifiesta anisotropía en los datos altimétricos, que confirma la información cualitativa revelada preliminarmente sobre la forma de silla de montar del relieve, con dirección de menor variabilidad coincidiendo con el azimut 50º (Alcance > 1000 m, fuera del gráfico) y dirección de máxima variabilidad coincidiendo con el azimut 320º (Alcance < 500 m). Esta información revelada por los variogramas, y los modelos teóricos ajustados, serán empleados ventajosamente más adelante en el proceso de interpolación por Kriging, para crear la malla regular, al definir el entorno de búsqueda de los puntos vecinos y para interpolar los puntos de la malla. El análisis estructural se realizó con el auxilio del software Surfer versión 10 (Golden_Software 2011).

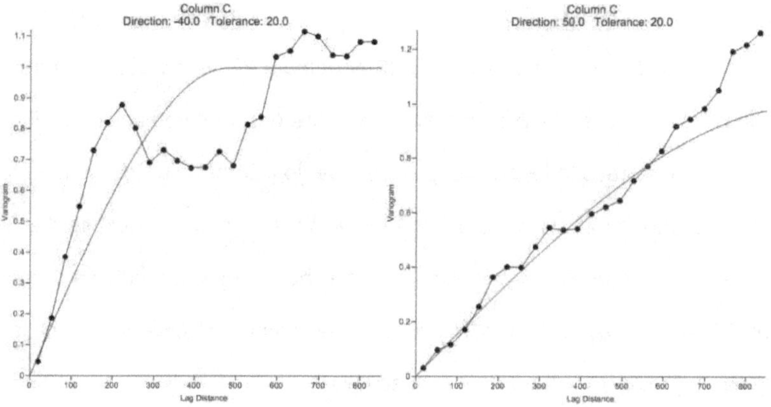

Figura 3.4. Resultados del estudio de los variogramas
Fuente: (Da Silva, Escartín et al. 2014a).

b) Interpolación por Kriging

En el caso de los datos del barrio Marçal, para la construcción de la malla regular del MDT se empleó el método de interpolación óptima basado en la Geoestadística, conocido como kriging ordinario (Burrough and McDonnell

1998), (Díaz 2002), teniendo en cuenta los resultados de la variografía obtenida. La resolución espacial escogida para la malla regular inicial fue de 10 m, teniendo en cuenta la densidad superficial de los puntos de datos. La Figura 3.5 muestra los resultados alcanzados en el proceso de interpolación de los datos de diferentes orígenes. En los vértices del triángulo, e identificados con CN, DW y XL, están los modelos con los datos puros de diferentes orígenes. En los lados del triángulo, los modelos resultantes de la combinación de datos de parejas de fuentes. En el centro del triángulo, el modelo resultante de la combinación de los datos de las tres fuentes.

c) Filtración pasa bajas del modelo con resolución espacial de 10m

Para escoger el filtro más conveniente y el modo de aplicarlo, se hicieron varias pruebas con el software Surfer. Se probaron los filtros pasa bajas gaussiano y de promediación de tamaño 3 x 3 (9 términos) y se aplicaron diferentes cantidades de veces sobre el modelo resultante de la interpolación. La Figura 3.6 muestra el resultado de las pruebas de los filtros. Fila de arriba, filtro gaussiano. Fila de abajo, filtro de promediación. Columna a la izquierda, filtro aplicado una vez; al centro, 5 veces; a la derecha, 10 veces, (Da Silva, Escartín et al. 2014a). Se seleccionó como modelo definitivo el resultante de aplicar el filtro de promediación diez veces consecutivas.

d) Remuestreo del modelo para aumentar la resolución espacial final a 2m

Para el remuestreo del modelo de resolución espacial de 10m y obtención del MDT de resolución espacial de 2m se utilizó una interpolación bilineal mediante el software Global Mapper. La Figura 3.7 muestra el resultado del modelo de elevaciones. A la izquierda, el modelo del relieve, con resolución espacial de 2 m. A la derecha, el modelo con las manzanas de edificaciones superpuestas.

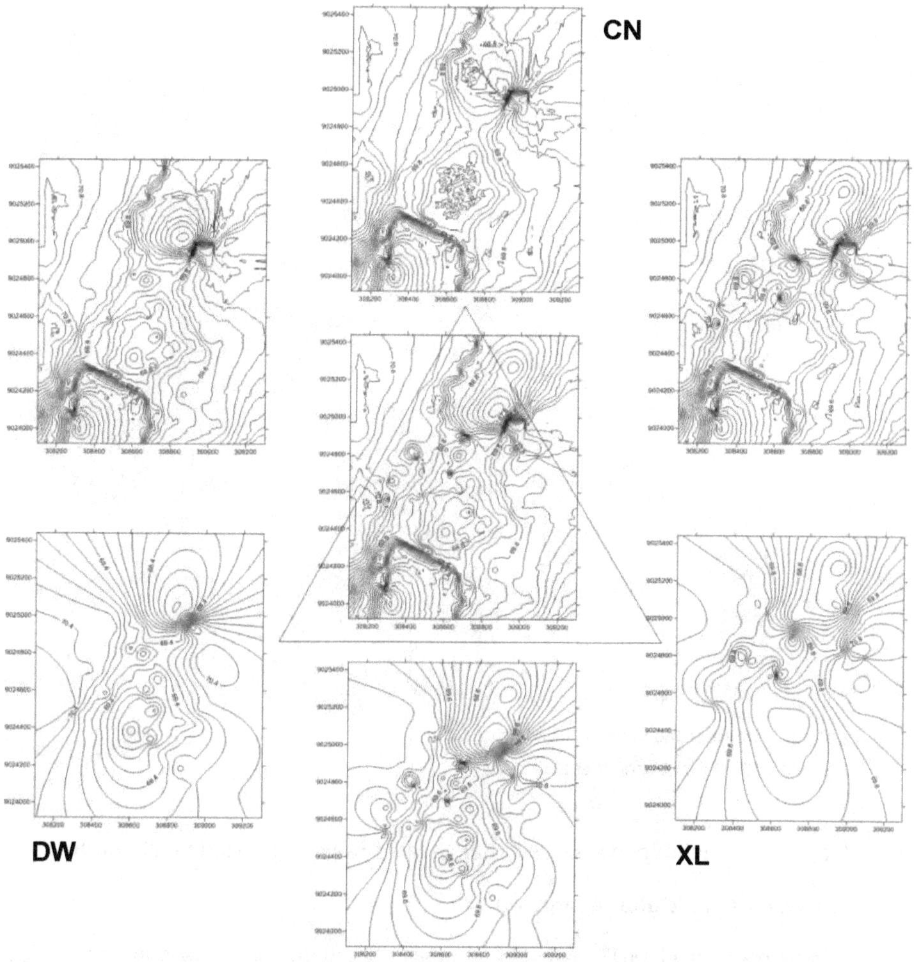

Figura 3.5 Resultados de la interpolación de los datos espaciales.
Fuente: (Da Silva, Escartín et al. 2014a).

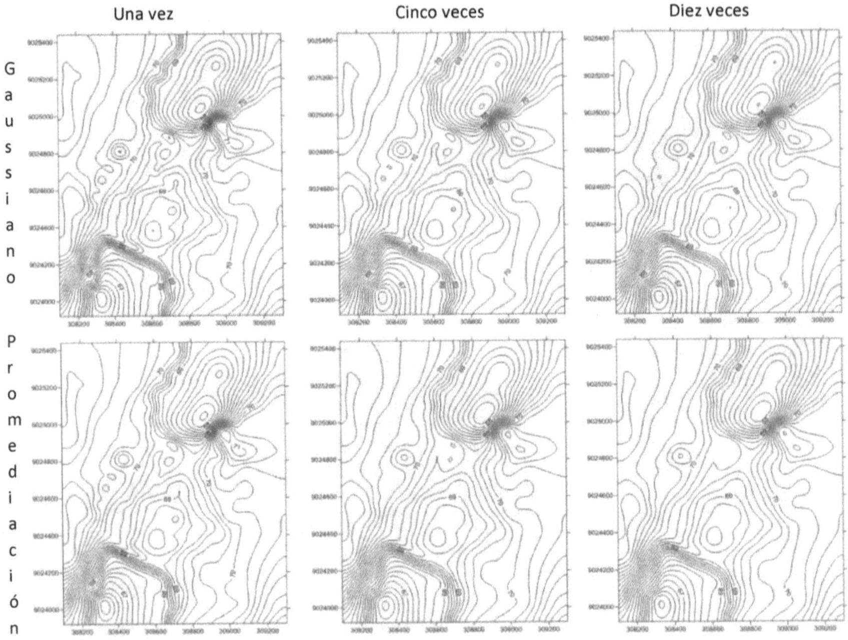

Figura 3.6. Resultados de las pruebas de filtración.
Fuente: (Da Silva, Escartín et al. 2014a).

e) Superposición de la red vial y las áreas construidas al modelo de elevaciones de alta resolución

Para concluir el MDT para las simulaciones hidrológicas se superponen las áreas construidas sobre la superficie del terreno. En la Figura 3.7 (a la derecha) se muestra el resultado del MDT definitivo, con las áreas construidas superpuestas y la presencia de la red vial.

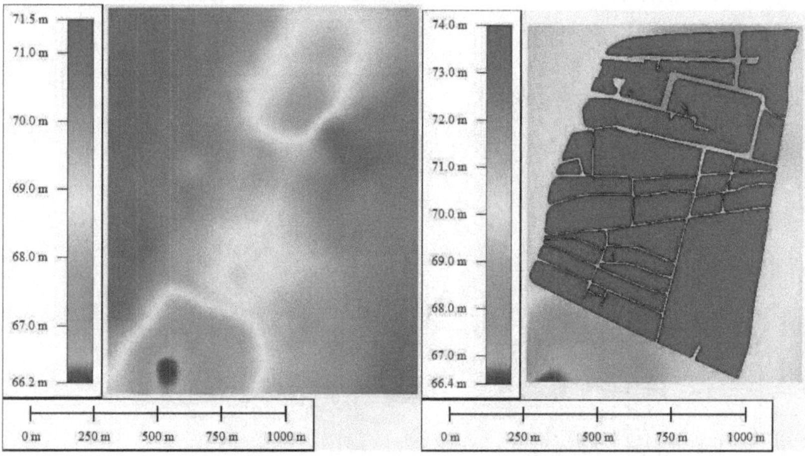

Figura 3.7. Representación gráfica del modelo de elevaciones. A la izquierda, la superficie del terreno. A la derecha, las manzanas superpuestas.
Fuente: (Da Silva, Escartín et al. 2014a).

f) Análisis de la compatibilidad del modelo con los datos cartográficos a escala 1:25000

La compatibilidad del MDT de alta resolución con la cartografía a escala 1:25000 se puede evaluar superponiendo las curvas de nivel del mapa a la escala citada sobre el MDT. La Figura 3.8 muestra el resultado de esta superposición.

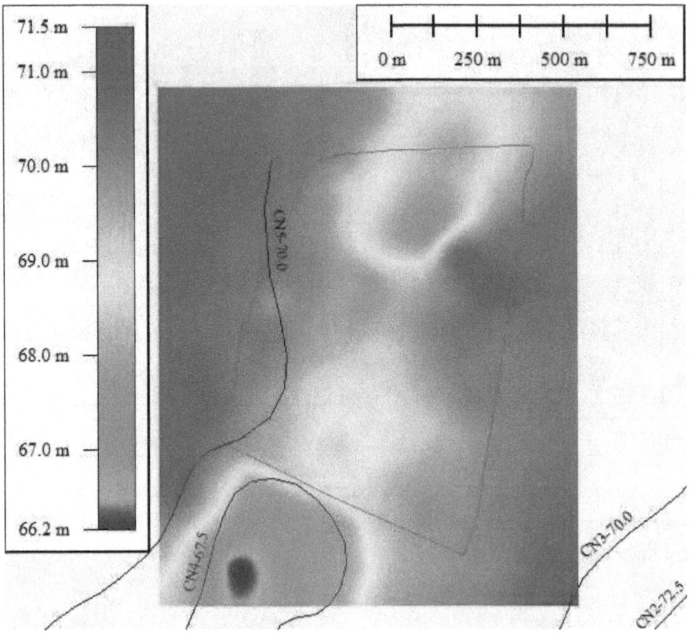

Figura 3.8. Análisis de la compatibilidad del MDT con los datos cartográficos
Fuente: (Da Silva, Escartín et al. 2014a).

g) Validación recíproca

En el caso que se estudia, se escogieron tres puntos, uno de cada fuente de origen, localizados, respectivamente, al norte, centro y sur del barrio Marçal. La Tabla 3.2 muestra el resultado de la validación recíproca del modelo. Observe las pequeñas diferencias entre los valores observados y predichos de las cotas. La presencia de diferencias positivas y negativas es un indicio de la aleatoriedad de los residuos o errores del modelo. Aunque la calidad de la validación se mejora en la medida que se utilicen más puntos, la poca cantidad de puntos con que se contaba inicialmente impidió aplicar el método con mayor énfasis.

Tabla 3.2. Resultados de la validación recíproca del MDT.
Fuente: (Da Silva, Escartín et al. 2014a).

Punto	Coord. X	Coord. Y	Coord. Z obs.	Coord. Z pred.	Residuo Zobs– Zpred
1 (CN)	308740,769	9024675,606	69,0	69,154	-0,154
2 (DW)	308587,754	9024289,511	68,8	68,827	-0,027
3 (XL)	308749,141	9025119,262	68,6	68,545	0,055

h) Evaluación de los residuos

Se les llama residuos a las diferencias entre las cotas de los datos observados y las cotas, para esos mismos puntos planimétricos, estimadas mediante la interpolación. La Tabla 3.3 presenta el resumen del análisis estadístico descriptivo de los residuos obtenidos para los 1522 puntos interiores a los límites del barrio Marçal.

Sobre la densidad de los puntos que se toman para definir la altimetría se recomiendan densidades que estén dentro de 25 a 100 puntos por hectárea para equidistancias de 1 a 0,5 m, respectivamente (Lemohtov 1978), que es suficiente para alcanzar las precisiones para las que están elaborados los planos a escala 1:2000; es decir, la tercera parte de la equidistancia como se expresó anteriormente. Entonces puede asegurarse que el MDT del barrio Marçal, elaborado con un error medio cuadrático de 0,12 m en la altimetría, y una resolución espacial de 2 m, cumple con los requisitos necesarios para la modelación espacial hidrológica e hidráulica en esta zona urbana.

Tabla 3.3. Resumen del análisis estadístico de los residuos.
Fuente: (Da Silva, Escartín et al. 2014a).

Estadígrafo	Valor
Residuo Medio	0,000944
Error típico	0,003754
Mediana	-0,00665
Moda	-0,0604
Desviación estándar	0,146466
Varianza de la muestra	0,021452
Mínimo	-0,6695
Máximo	1,5097
Suma	1,4372
Cuenta	1522

i) Criterios cualitativos

Para aplicar este tipo de criterio se recorrió el barrio Marçal para verificar la "verdad de terreno", evaluando los rasgos más distintivos presentes en el modelo obtenido; adicionalmente se presentó la información obtenida en el MDT por sectores de las calles y en relación con las edificaciones próximas, para que fueran reconocidas fácilmente por los entrevistados. Este criterio arrojó que el MDT obtenido refleja con bastante fidelidad los fenómenos de encharcamiento conocidos históricamente en el barrio Marçal.

3.5 Caracterización de las lluvias en Luanda, Angola

Considerando que el régimen de precipitación de la ciudad de Luanda se caracteriza por la ocurrencia de un número reducido de lluvias en el año, algunas de ellas de gran intensidad y de corta duración, entre 2 y 4 horas y aplicando el procedimiento descrito en la estrategia del Capítulo II, los valores de intensidad de precipitación para diferentes períodos de retorno T_r pueden obtenerse a través de curvas IFD a partir del modelo matemático de una función potencial del tipo $I = at^{-b}$, con I en mm/h (Da Silva, Martínez et al.

2014b). En la Tabla 3.4 se muestran los valores de a y b correspondientes, para períodos de retorno T_r entre 2 y 100 años.

Tabla 3.4. Parámetros de las curva IFD para Luanda.
Fuente: (SOGREAH-COBA 2007).

T_r (años)	a	b
2	43,493	0,440
5	64,875	0,440
10	79,096	0,440
15	87,083	0,427
20	95,073	0,416
25	99,833	0,408
50	114,830	0,399
100	129,680	0,389

3.6 Obtención de hietogramas sintéticos a partir de las curvas IFD

A partir de la información de las curvas IFD para Luanda, y considerando que en la zona de estudio no existen registros de lluvias horarias, y que además tampoco se cuenta con catálogos que faciliten la forma del aguacero que es posible adaptar a una cierta cantidad de precipitación, se hace necesario elaborar un conjunto de hietogramas sintéticos, los cuales han de reflejar el comportamiento de las precipitaciones a lo largo de la duración del evento, para diferentes periodos de retorno.

En este sentido, fue escogida una duración de 4,5 horas que se encuentra razonablemente en correspondencia con la duración máxima de las lluvias en Luanda. Para obtener los hietogramas sintéticos fue aplicado el método de los bloques alternos (*alternating block method*), citado por (Chow 1994).

Los incrementos de tiempo fueron de 30 minutos, tratándose por tanto de 270 minutos repartidos en 9 intervalos. Los resultados han sido obtenidos bajo la hipótesis de que la máxima precipitación tiene lugar en el centro de duración de la tormenta (ver la Figura 3.9). En el Anexo 10 se muestran los resultados tabulados a partir de la aplicación del método de los bloques alternos.

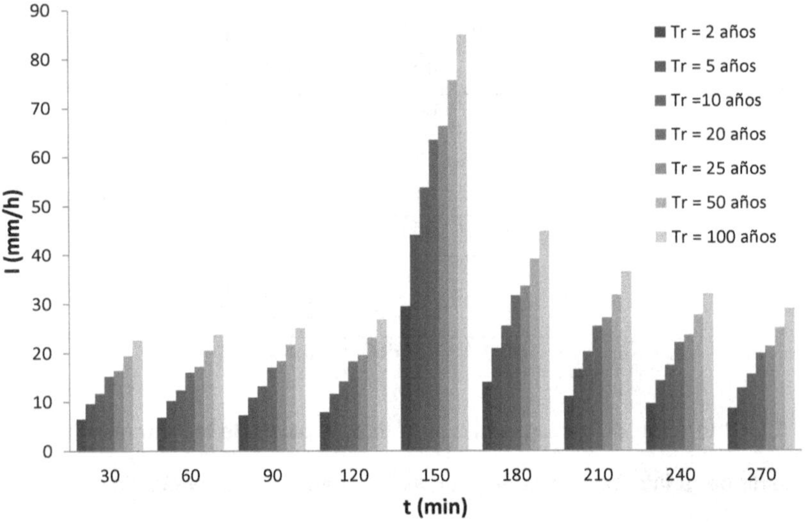

Figura 3.9. Hietogramas sintéticos para diferentes períodos de retorno.
Fuente: (Da Silva, Martínez et al. 2014b).

3.7 Obtención de hietogramas reales a partir de cartas pluviográficas

Con el objetivo de evaluar el impacto de eventos lluviosos obtenidos en la cuenca de Marçal a partir de registros en cartas pluviográficas del Observatorio de Luanda (Lat: 8° 49' S, Long: 13° 13' S), el autor ha incorporado el empleo de la metodología propuesta por (León and Rojas 2012) para la digitalización de cartas pluviográficas (ver Anexo 11). Con la recopilación de registros históricos suficientes, este procedimiento puede contribuir a hacer un estimado del comportamiento de las precipitaciones en el área bajo de estudio, caracterizadas según la lámina y la intensidad de las mismas, la cual a su vez permite predecir qué tipo de tormenta puede ocurrir en dicha zona, siendo este un elemento determinante para obtener el correspondiente hidrograma de escurrimiento, que constituye una información sumamente importante para los sistemas de alerta en cuencas con riesgo de inundación.

Acorde con (León and Rojas 2012) es posible obtener el patrón de tormentas procesando las cartas pluviográficas con la aplicación "Procesamiento digital para Pluviogramas v14" (León and Rojas 2012). De forma complementaria, se emplea el programa Adobe Photoshop y posteriormente se superponen las curvas adimensionales obtenidas.

La técnica de superposición de imágenes no fue totalmente certera debido a los errores propios en el escalado y superposición de las mismas y con relación a los datos procesados no pudieron recopilarse de años completos por lo cual aunque los resultados fueron un avance para el conocimiento de los patrones, no fue concluyente, ni en la técnica empleada, ni en los patrones establecidos.

No obstante, dada la importancia que revierte el proceso de calibración en la propuesta de diseño de sistemas de drenaje pluvial, han sido seleccionados y procesados dos eventos lluviosos ocurridos en Luanda con repercusión en Marçal, ocurridos los días 3/04/2002 y 11/04/2010 y que presentan intensidades máximas de 40 mm/h y 35.8 mm/h respectivamente. Las respectivas duraciones fueron de 8 y 5 horas. En las figuras 3.10 y 3.11 se muestran las cartas pluviográficas y hietogramas de lluvia obtenidos a partir del procesamiento digital según método de (León and Rojas 2012).

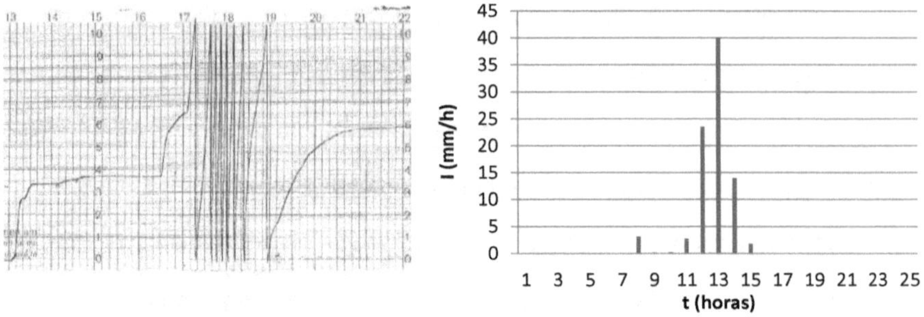

Figura 3.10. Fragmento de carta pluviográfica y hietograma procesado digitalmente para el evento del día 3/04/2002. **Fuente**: Elaboración propia.

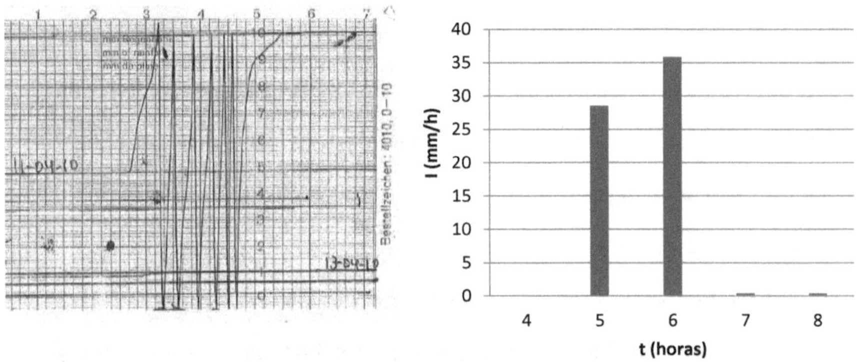

Figura 3.11. Fragmento de carta pluviográfica y hietograma procesado digitalmente para el evento del día 11/04/2010. **Fuente**: Elaboración propia.

3.8 Caracterización de los suelos superficiales y obtención de los parámetros del modelo de infiltración

Para ser consecuentes con lo descrito en la estrategia propuesta en el capítulo II, respecto a estimar los datos relativos a la permeabilidad del suelo cuando no se disponga de esos datos, se propone utilizar el procedimiento descrito en (Da Silva, Martínez et al. 2014b).

Los parámetros de infiltración fueron obtenidos a partir de ajuste de curvas, según modelo de Horton, aplicando método de los mínimos cuadrados. En la Tabla 3.5 se presentan los valores obtenidos de los parámetros del modelo de infiltración de Horton, el error estándar, los límites de confianza del 95%, así como el correspondiente coeficiente de determinación (R^2) y el error estándar del ajuste.

Tabla 3.5. Parámetros de infiltración y resultados estadísticos asociados.
Fuente: (Da Silva, Martínez et al. 2014b).

Parámetros	Valor	Error estándar	Límites de confianza 95 %		R^2	Error estándar de ajuste
Suelo Formación Quelo						
F (mm/h)	53,79141096	2,951332001	46,81261975	60,77020217	0,9662041880	7,7101683146
f_o(mm/h)	498,4851824	151,5958938	140,0178561	856,9525087		
1/k (s)	205,4923224	41,19669067	108,0776287	302,9070161		

El suelo existente en el área que ocupa el barrio de Marçal pertenece a la formación Quelo.

En la Figura 3.12 se ilustra que para esta formación se ha obtenido muy buena correlación. Para esta formación, la velocidad de infiltración o permeabilidad se ha estimado en 53,79 mm/h, valor que de acuerdo con (SOGREAH-COBA 2007) es representativo de este tipo de formación.

En el Anexo 12 se presentan los resultados de los ensayos realizados para diferentes formaciones de suelos característicos de la ciudad de Luanda, según (SOGREAH-COBA 2007), así como los resultados estadísticos principales del ajuste realizado para la determinación de los parámetros de infiltración correspondientes a la formación Quelo.

3.9 Estudio de caso: cuenca urbana perteneciente al Barrio Marçal

La cuenca urbana perteneciente al barrio de Marçal presenta dos vertientes (Norte y Sur), con direcciones del flujo superficial y descargas opuestas partiendo de una divisoria común, tomando en cuenta las características topográficas del área en estudio (Da Silva, Martínez et al. 2014b).

Los parámetros que caracterizan la cuenca urbana de Marçal han sido estimados a partir de información obtenida de (UTGSL 2012), partiendo del grado de urbanización, pues solo el 11,3% de los espacios son públicos. Por el deterioro de la infraestructura vial como se muestra en la Figura 3.13.

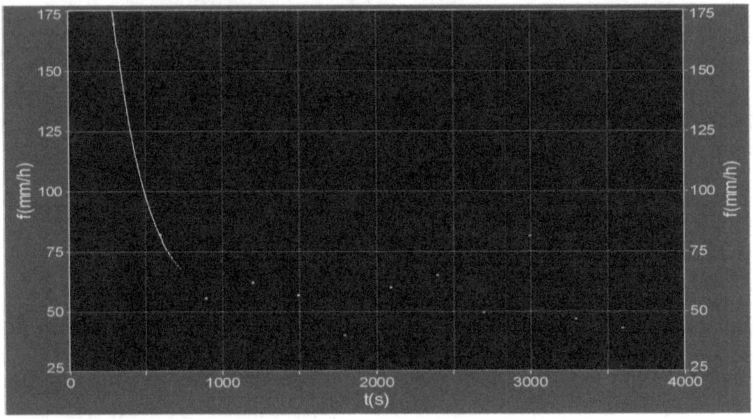

Figura 3.12. Aplicación del modelo de Horton en la formación Quelo
Fuente: (Da Silva, Martínez et al. 2014b).

Figura 3.13. Estado de degradación del barrio Marçal.
Fuente: (UTGSL 2012).

3.10 Modelo conceptual de la cuenca Marçal

La conceptualización de la cuenca urbana del barrio Marçal posee un área cerrada con límites físicos bien definidos, aunque por las características del MDT, se han considerado posibles aportes o salidas características de subcuencas urbanas vecinas con topografía predominantemente llana. Se han establecido condiciones de fronteras acordes con los sitios de vertido (ver Figura 3.14), verificadas por el autor mediante observaciones de campo en el barrio de Marçal. En la Tabla 3.6 se muestran algunas de las características generales de las vertientes Norte y Sur que fueron identificadas en la cuenca urbana en estudio.

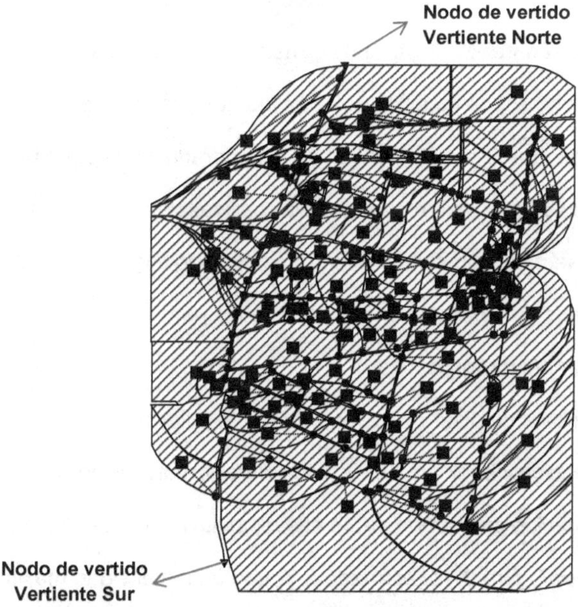

Figura 3.14. Modelo conceptual cuenca Marçal considerando red de calles y subcuencas aledañas.
Fuente: Elaboración propia.

Tal como se puede observar en la Figura 3.14, se han conceptualizado un total de 134 subcuencas, donde se han incluido aquellas que se encuentran fuera de los límites de Marçal y que aportan directamente a la cuenca en sus dos vertientes. También se han establecido 162 conexiones y 186 tramos que caracterizan el flujo en la red de drenaje pluvial por las calles.

Tabla 3.6. Algunas características de las subcuencas del barrio Marçal.

Parámetros	Vertientes del barrio Marçal	
	Norte	Sur
Área total * (m^2)	490519,98	1099544,90
Longitud media del flujo (m)	416,67	644,92
Pendiente media (m/m)	0,00302	6,20237e-05

(*) Se ha considerado el área aportante de subcuencas aledañas

A partir de la obtención del MDT se pudo constatar que los nodos de vertido poseen las cotas topográficas más bajas. Es válido destacar que la cantidad de agua que se estima quedará retenida en la deteriorada infraestructura vial, sumada a la fracción que se infiltra en la porción permeable de cada una de las subcuencas, representa volúmenes importantes que no ingresan al sistema superficialmente y que se adicionan como parte de las pérdidas.

3.11 Información hidrológica

Acorde con la propuesta de diseño, presentada por el autor en el Capítulo II, se establece la información hidrológica de partida para la calibración del modelo SWMM. Esta información se soporta sobre el evento lluvioso registrado el día 3 de Abril de 2002 (ver Figura 3.10, apartado 3.7) con una intensidad máxima de 40 mm/h y una duración de 8 horas, acorde con el procesamiento digital de cartas pluviográficas desarrollado por (León and Rojas 2012).

Una vez establecida la distribución temporal de la precipitación para el evento en estudio, el autor considera que partiendo de la escasez de datos existentes en la cuenca de Marçal, una alternativa viable puede ser conducida a través de la fórmula racional (Chow 1994) con el objetivo de estimar el caudal máximo para el evento en estudio.

La principal dificultad de esta alternativa es la correcta selección del coeficiente de escurrimiento C, el cual no solo depende de las características de la cuenca, entiéndase uso del suelo, textura, sino además de la pendiente de ésta y de la intensidad de la precipitación para determinada probabilidad de ocurrencia (Chow 1994). Para la vertiente Norte tomando en cuenta la magnitud de su pendiente media, y considerando que es una zona urbana, se ha adoptado un coeficiente de escurrimiento C = 0.55. En el caso de la vertiente Sur, donde las bajas pendientes (menores que las de la vertiente Norte) producen un efecto de laminación del flujo y se favorece entonces la infiltración, se selecciona un valor de C = 0.3. A partir de esta selección, para el evento lluvioso en estudio los caudales máximos estimados por la fórmula racional son: Vertiente Norte - Q_{max} = 2.997 m^3/s y Vertiente Sur - Q_{max} = 3.667 m^3/s. Es válido destacar que siendo consecuente con la estrategia propuesta en el Capítulo II, estos caudales máximos serán considerados como *"observados"* al no existir registros directamente medidos en la zona de estudio por lo que la calibración que se presenta en esta contribución estará conducida a minimizar las diferencias entre las simulaciones efectuadas y los caudales máximos estimados para cada vertiente.

3.12 Calibración del modelo

A partir del evento registrado se procede a identificar los parámetros del modelo, de tal manera que su representación de la realidad sea la más acertada posible, siguiendo la estrategia de calibración propuesta por (Sánchez 2012a) y abordada por el autor en el Capítulo II. Fueron tomadas como condiciones de frontera el vertido libre, estableciendo en la descarga el tirante normal de circulación (en modelo SWMM, tipo: NORMAL).

3.12.1 Etapa I: calibración de modelo concentrado

Al ser previamente conocidos los parámetros del modelo de infiltración, se han seleccionado aquellos parámetros que forman parte del proceso de calibración y los respectivos intervalos que permiten acotar el espacio de búsqueda.

Tabla 3.7. Límites inferior y superior de los parámetros a calibrar.

Parámetros	Intervalos	
	Límite inferior	Límite superior
Coeficiente de rugosidad en la fracción de área impermeable, n_{imp}	0.01	0.05
Coeficiente de rugosidad en la fracción de área permeable, n_{perm}	0.05	0.25
Porcentaje de impermeabilización (% Imp)	5	95

Tal como se expuso en la Figura 2.4 del Capítulo II, se empleó la estrategia de calibración propuesta por (Sánchez 2012a), la cual el autor ha adaptado para su propuesta. En este sentido, la estrategia se basa en una evaluación algorítmica de la función objetivo **F** dada por la ecuación (2.3) y dependiente del vector de los parámetros θ, considerando $w_1 = 0$ y $w_2 = 1.0$. En la Figura 3.15 se observa el patrón de escurrimiento para cada vertiente y en la Figura 3.16, la correspondiente evaluación de la función objetivo dada por la ecuación (2.3) establecida para esta etapa. En la Tabla 3.8 se puede observar el buen ajuste alcanzado en la minimización de los errores entre los gastos máximos para el evento en estudio.

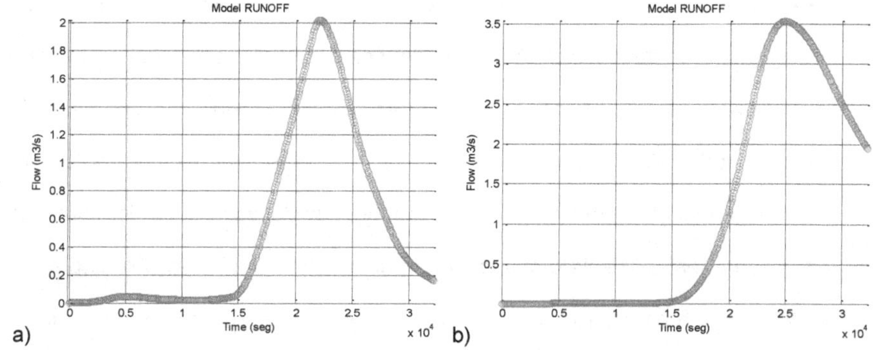

Figura 3.15. Hidrogramas: a) Vertiente Norte, b) Vertiente Sur.
Fuente: Elaboración propia.

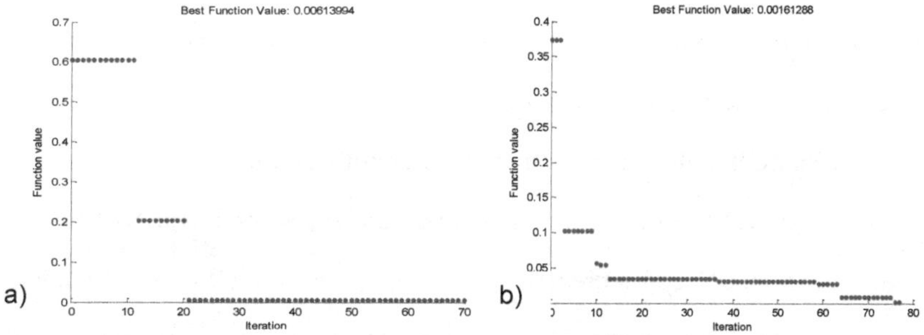

Figura 3.16. Evaluación de la función objetivo: a) Vertiente Norte, b) Vertiente Sur
Fuente: Elaboración propia

Tabla 3.8. Parámetros estimados a partir de modelo concentrado

Subcuencas	Parámetros			F. Obj
	n_{imp}	n_{perm}	% Imp	(ec 2.3)
Vertiente Norte	0.0435	0.1356	35.12	0.006113994
Vertiente Sur	0.0469	0.0694	47.20	0.00161288

Los parámetros obtenidos en esta etapa caracterizan preliminarmente ambas vertientes a partir del empleo de un modelo de tipo concentrado, con características muy similares en cuanto a impermeabilización, lo cual se refleja básicamente en los valores obtenidos del coeficiente de rugosidad en la zona impermeable de la cuenca y su correspondencia con el porcentaje de impermeabilización de la misma. En la vertiente Norte se detecta una mayor resistencia al flujo superficial, dado por la magnitud del coeficiente de rugosidad en la zona permeable de dicha vertiente, el cual casi duplica el obtenido en la vertiente Sur. Los valores de la función objetivo son prácticamente del mismo orden de precisión a pesar que se obtuvieron menores diferencias en la vertiente Sur. Los resultados de esta etapa, permiten acotar el intervalo en que se mueven los parámetros y sirve como punto de partida para el ajuste del modelo conceptual semi-distribuido (Etapa II).

3.12.2 Etapa II: calibración de modelo semi-distribuido

En esta etapa, los valores de los parámetros obtenidos en el análisis sobre el modelo concentrado son ingresados como aproximación inicial en el modelo semi-distribuido. En este caso, la cuenca de Marçal quedó conformada en el SWMM, tal como quedó representada en la Figura 3.14. Para la infiltración se ha seleccionado el modelo de Horton con sus correspondientes parámetros ya determinados por el autor a partir de la prueba reportada por (SOGREAH-COBA 2007). También se ha seleccionado la opción de simular posibles estancamientos en la red de drenaje pluvial para evaluar la respuesta de la cuenca para el estado actual de la red. El modelo hidráulico de transporte seleccionado es el de la *onda dinámica*, con intervalos de cómputo Δt = 10 s que garantizan la estabilidad numérica y la convergencia del modelo.

En el proceso de ajuste o calibración del modelo semi-distribuido de Marçal en SWMM, al no contar con hidrogramas observados, de forma análoga a la etapa anterior, se establece como función objetivo minimizar el error cuadrático con relación al gasto máximo (ecuación 2.3). Al introducir los parámetros obtenidos se puede comprobar que para la vertiente Sur, existe un ajuste satisfactorio con relación a los parámetros obtenidos en la primera etapa (ver Tabla 3.9). Sin embargo, en el caso de la vertiente Norte, fue necesario efectuar un reajuste en el porcentaje de impermeabilización (% Imp) para minimizar los errores con relación al caudal máximo. Los caudales máximos estimados por SWMM para las vertientes Norte y Sur son 2.581 m^3/s y 3.879 m^3/s respectivamente.

Tabla 3.9. Ajuste final de los parámetros estimados a partir de modelo SWMM.

Subcuencas	Parámetros			F. Obj
	n_{imp}	n_{perm}	% Imp	(ec. 2.3)
Vertiente Norte	0.0435	0.1356	87.61	0.025963
Vertiente Sur	0.0469	0.0694	47.20	0.003039

Los hidrogramas resultantes en los nodos de vertido de cada vertiente se presentan en las Figuras 3.17 y 3.18, respectivamente. Puede apreciarse que el caudal máximo ocurre a las 21:15 pm en ambas vertientes. La rama descendente de los hidrogramas pone en evidencia el efecto de laminación del flujo como consecuencia de las bajas pendientes existentes en la cuenca de Marçal. En la Figura 3.19 se muestra el mapa en el instante de tiempo en que se registran los máximos niveles en nodos y calles (21:15 horas), mientras que en la Figura 3.20 se muestra un detalle del perfil de la Calle de la Brigada para el mismo instante de tiempo. La Calle de la Brigada es una vía ampliamente transitada y afectada por los aportes de cuencas aledañas a Marçal, además de recibir aquellos provenientes de la propia cuenca en estudio.

En la Figura 3.21 se observa el comportamiento del nivel del agua en determinados nodos de la Calle de la Brigada durante el intervalo de simulación analizado. Se detecta que los niveles máximos oscilan alrededor de los 0.20-0.40 m, suficientes para obstaculizar el tránsito de vehículos y personas. Se detecta que junto al efecto de laminación, existe encharcamiento prolongado lo cual afecta directamente a las vías y provoca problemas de drenaje pluvial.

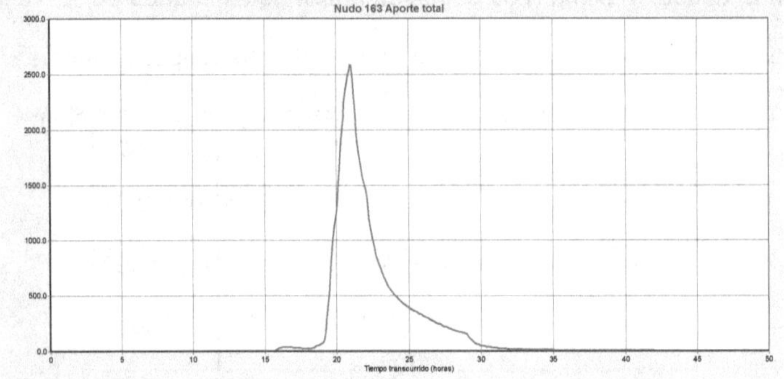

Figura 3.17. Hidrograma resultante del aporte total de la vertiente Norte en el nodo de vertido 163.

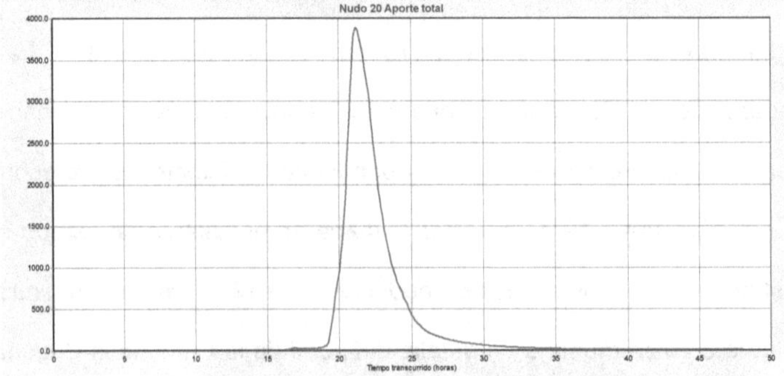

Figura 3.18. Hidrograma resultante del aporte total de la vertiente Sur en el nodo de vertido 20.

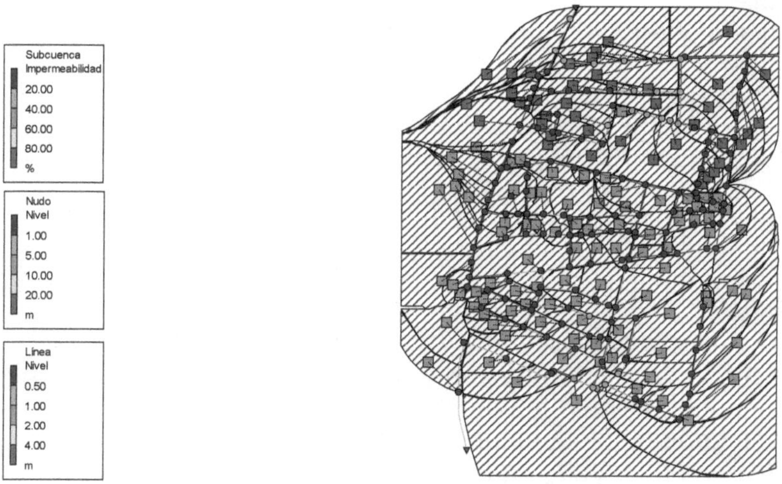

Figura 3.19. Mapa de impermeabilidad por subcuencas, niveles en conductos y nodos para el instante en que se registra la máxima descarga en nodos de vertido 163 y 20.

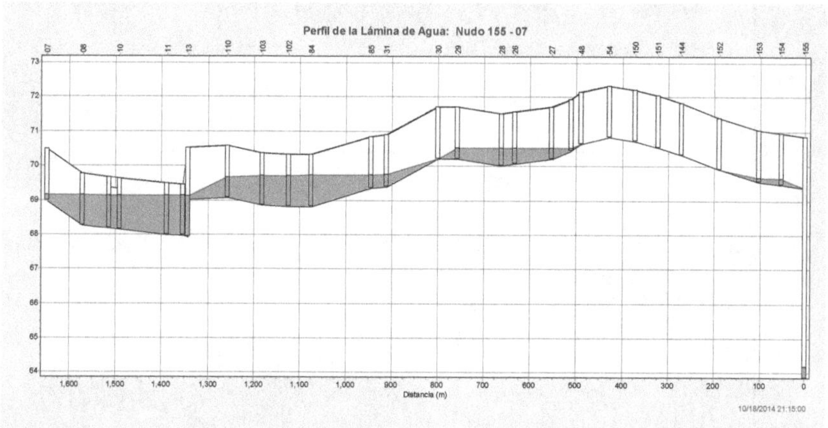

Figura 3.20. Perfil de lámina de agua entre nodos 155 (inicio) y 07 (final) para instante tiempo 21:15 pm. (Calle de la Brigada).

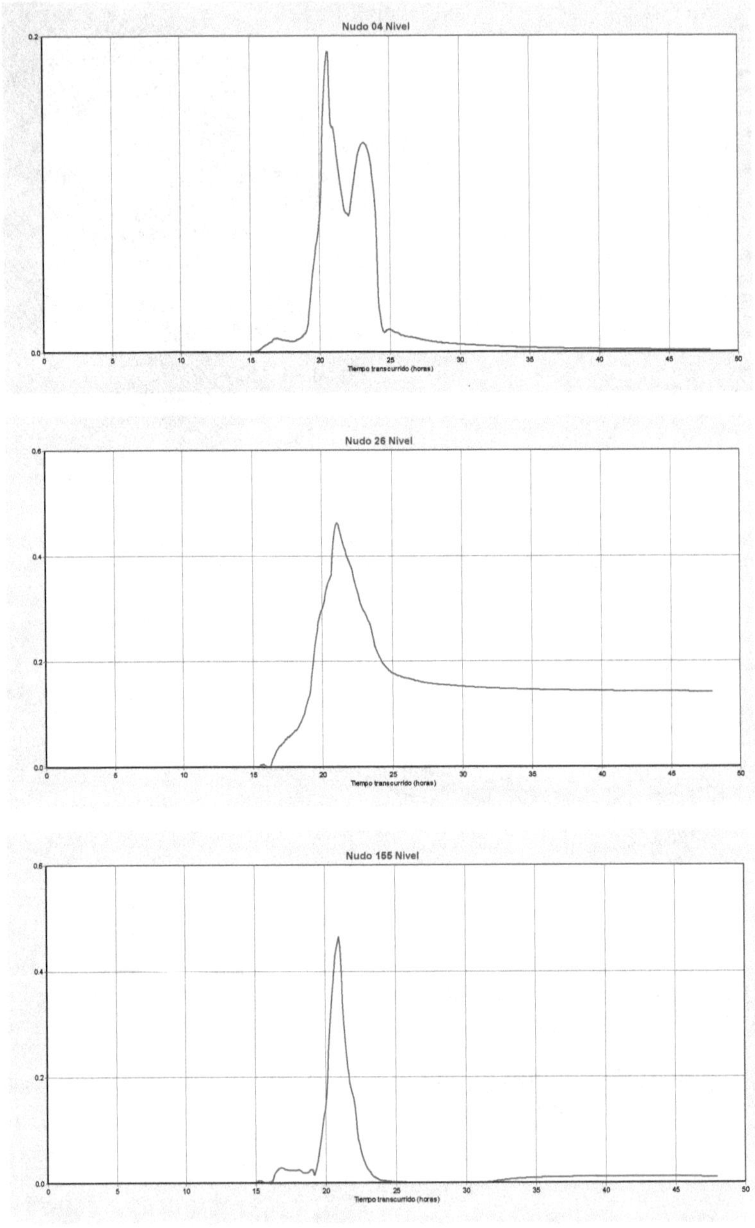

Figura 3.21. Variación de la lámina de agua en nodos 4, 26 y 155 (Calle de la Brigada).

3.12.3 Validación del modelo

La validación del modelo es llevada a cabo con el evento registrado el 11 de abril de 2010, con una intensidad máxima de 35.81 mm/h y duración de 5 horas, acorde con el procesamiento digital efectuado.

Acorde con el procedimiento empleado en el epígrafe 3.11 del presente capítulo, los caudales máximos se estiman de la siguiente manera: vertiente Norte - Q_{max} = 2.683 m^3/s y vertiente Sur - Q_{max} = 3.281 m^3/s.

Con los parámetros obtenidos en el proceso de calibración (ver Tabla 3.9), mediante una simulación son estimados los caudales máximos en los nodos de vertido del modelo conceptual establecido. En la Tabla 3.10 se muestra una comparación que permite constatar el buen desempeño de la estrategia adoptada donde los errores relativos obtenidos son considerados por el autor como aceptables, si se toma en cuenta la escasez de datos existente en este proceso, al no estar instrumentalizada la cuenca en estudio.

Tabla 3.10. Resultados de la validación para el evento del 11 de Abril de 2010.

Vertiente	Q_{max} simulado (l/s)	Q_{max} "observado" (l/s)	Error relativo (%)
Norte	2384.19	2683.93	11.2
Sur	3423.18	3281.60	4.3

3.13 Aplicación de la herramienta SewerUp para el diseño del sistema de drenaje pluvial del Barrio Marçal

Como se ha mencionado, el principal objetivo de la remodelación de los barrios de Luanda es mejorar la imagen urbana y la calidad de vida de sus residentes. Dentro de los barrios previstos para los proyectos de remodelación se encuentra el barrio de Marçal cuya población estimada antes del Censo de

2014 era de 38 261 habitantes, con una densidad de 503 habitantes/ha. El alcance de dicho proyecto de remodelación incluye: infraestructura inmobiliaria, infraestructura vial, redes de abastecimiento, redes de saneamiento y redes de drenaje pluvial. Marçal es un barrio residencial de tamaño medio (76 ha), localizado al este del centro de Luanda, el cual se ha consolidado fundamentalmente sin planeamiento urbano, del mismo modo que los sectores adyacentes. Como ha sido referido por (Da Silva, Escartín et al. 2014a), presenta dos vertientes (Norte y Sur) que escurren hacia un colector principal unitario (con un diámetro D = 1800 mm) y hacia la Zanja de la Cámara del Senado, respectivamente. En el Anexo 13 se da una explicación sobre cómo utilizar la herramienta SewerUp.

3.13.1 Consideraciones iniciales

En el referido proyecto de remodelación del barrio Marçal, en particular en su Anexo 2, titulado *Rede de Drenagem de águas residuais pluviais, Bairro do Marçal,* (UTGSL 2012), se establece un diseño partiendo de la fórmula racional según el método modificado de Témez (Témez 1991), (López 1995), donde fueron considerados una serie de elementos que merecen una revisión y es por ello que en la presente contribución serán abordados paulatinamente.

En principio, el periodo de retorno fue establecido como T_r = 10 años, acorde con las normas y regulaciones aplicables y en vigor en Angola (Assambleia_Nacional_da_República_de_Angola 1994), (Assambleia_Nacional_da_República_de_Angola 1995), (Câmara_do_Governo_Português 1989).

En este particular el autor destaca que en la determinación de la intensidad máxima a partir de curvas IFD se introduce la propuesta del método de Témez, en lugar de emplear las curvas obtenidas para Luanda, según (SOGREAH-COBA 2007), lo cual produce diferencias significativas en la estimación de intensidades máximas. El autor de este trabajo es del criterio que la UTGSL debió ser consecuente con las curvas existentes para Luanda y que están siendo utilizadas nacionalmente en proyectos de remodelación, como el conducido por el consorcio SOGREAH-COBA.

Además, desde el punto de vista hidrológico, la UTGSL establece una relación (no fundamentada en su referido informe técnico) entre la intensidad horaria de precipitación y la intensidad media diaria de precipitación igual a 10, para el periodo de retorno establecido (T_r = 10 años). Al establecerse este valor sin un estudio hidrológico previo, el autor considera que esta es una razón más para que se hubieran empleado las curvas IFD de Luanda, que permiten determinar la intensidad máxima para cualquier probabilidad de ocurrencia y variando solamente su duración, sin necesidad de incorporar parámetros adicionales.

Otro aspecto de interés es la selección del coeficiente de escurrimiento C de la fórmula racional. La UTGSL plantea que como consecuencia de la ausencia de informaciones detalladas acerca de la ocupación del área a drenar en Marçal, se adoptó un coeficiente de escurrimiento superficial general de 0.7, el cual considera representativo para la totalidad del área a drenar.

El autor de esta tesis es del criterio que para concebir un diseño que responda a las condiciones reales existentes en Marçal, deben ser seleccionados cuidadosamente los parámetros hidrológicos e hidráulicos involucrados en el estudio que está siendo conducido en la presente contribución. Por las características que presenta el barrio de Marçal, la existencia de dos vertientes principales con propiedades físicas diferentes, resulta inapropiada la selección de un coeficiente de escurrimiento constante y representativo de toda el área a drenar de la cuenca del barrio Marçal.

3.13.2 Resultados de la ejecución del diseño

Partiendo del análisis establecido en el apartado anterior, se adoptarán las intensidades de diseño a partir de las curvas IFD de Luanda y se introducirá además la variabilidad espacial del coeficiente de escurrimiento por vertientes en Marçal. En este sentido podrán ser adoptados para ambas vertientes los valores seleccionados en la etapa de calibración, o sea C = 0.55 para la vertiente Norte mientras que para la vertiente Sur, C = 0.30. Las condiciones de frontera establecidas por (UTGSL 2012) fueron estrictamente respetadas, partiendo de la importación del plano con el trazado de la red sugerido por dicha empresa. El resultado del diseño se presenta resumido en la Figura 3.22, donde se observa la reducción de 65 diámetros en conductos de varios tramos de la red de drenaje pluvial, es decir el 74 % del total (88).

Además, con relación a la propuesta de la UTGSL, se reportó un incremento en diámetros en solamente 7 conductos, mientras que en otros 16 se mantuvieron las especificaciones establecidas. En el Anexo 14 se muestra un resumen de los cálculos de la red de drenaje pluvial del barrio Marçal, efectuados por SewerUp.

Es preciso acotar que desde el punto de vista hidráulico los tubos de PVC y PEAD pueden considerarse *hidráulicamente lisos*, de manera que la resistencia al flujo es prácticamente del mismo orden para ambos tipos de material. Acorde con (Cabrera 2012), los tubos de PVC y PEAD de pared sólida (no corrugada), presentan un coeficiente de rugosidad de 0,009.

Por lo tanto, tomando en cuenta además que (UTGSL 2012) propuso tuberías de PEAD, entonces la correspondiente factibilidad del diseño efectuado en este capítulo será conducida para ese mismo tipo de material y características de los conductos empleados en dicho diseño de referencia. En el Anexo 15 se muestra el listado de precios por metro lineal para tubos de PEAD y PN-6.

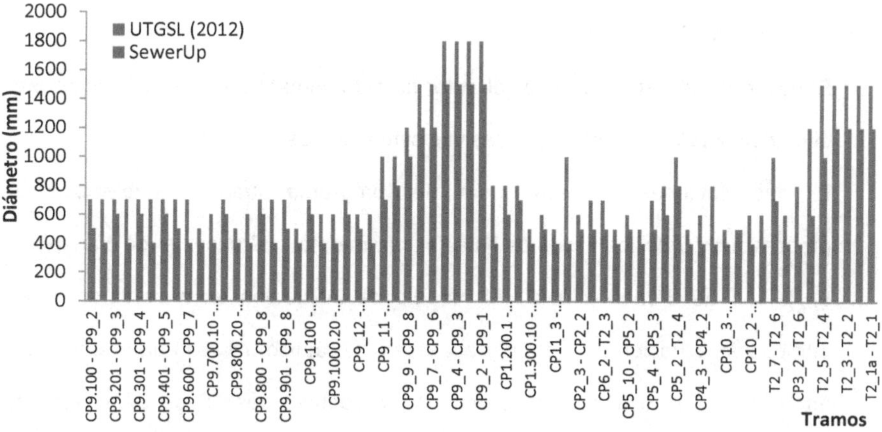

Figura 3.22. Reducción de diámetros en el diseño del drenaje pluvial.
Fuente: Elaboración propia.

En la Tabla 3.11 se establece una comparación por concepto de costos totales asociados a las tuberías de drenaje pluvial, tomando en cuenta que la longitud de conductos a colocar es la misma (longitud total 9200,54 m). Es de notar una reducción en los costos de casi un 21 % con relación a la propuesta de (UTGSL 2012), lo cual es una disminución importante como resultado de la aplicación de la estrategia propuesta y representa una alternativa de diseño mucho más racional que la inicialmente concebida por la UTGSL.

Tabla 3.11. Comparación de los costos totales asociados a las tuberías de drenaje pluvial en Marçal.

Fuente: Elaboración propia.

Moneda	UTGSL (2012)	SewerUp	Diferencia	%
AKZ	452699101,5	358300069,6	94399032	20,85
USD*	4526991	3583001,7	943990,32	

(*) 1 USD = 100 AKZ

3.14 Evaluación del diseño del sistema de drenaje pluvial con el modelo SWMM

El nuevo diseño efectuado por el autor ha sido sometido a una evaluación con el modelo SWMM a partir de sucesivas simulaciones.

En las opciones de simulación del programa fueron establecidos el procesamiento de los modelos lluvia/escurrimiento, así como el de transporte en la red de drenaje pluvial. El modelo de infiltración es a partir de la ya introducida ecuación de Horton y el modelo hidráulico utilizado para el tránsito es la onda dinámica, donde se emplean las ecuaciones 1D de Saint Venant, con intervalos de cómputo de 10 segundos.

Se han introducido precipitaciones sintéticas obtenidas por (Da Silva, Martínez et al. 2014b) a partir de las curvas IFD de Luanda, como series temporales de intensidad (hietogramas) para cada uno de los periodos de retorno T_r = 2, 5, …,100 años. En el barrio de Marçal fueron conceptualizadas 82 subcuencas (ver Figura 3.23), con las propiedades y características acordes con la proyección hacia el año 2030 establecida por (UTGSL 2012) y (Da Silva, Martínez et al. 2014b) (ver tabla 3.12), partiendo de la remodelación que tendrá lugar en el mismo.

Tabla 3.12 Estimación de las características de las subcuencas para el año 2030.
Fuente: Elaboración propia.

Parámetros	Subcuencas del barrio Marçal	
	Vertiente Norte	Vertiente Sur
% Imp	0,847	0,7
n_{imp}	0,017	
n_{perm}	0,10	

En dicha conceptualización se han establecido 109 conexiones y un total de 3 vertidos principales, uno hacia la vertiente Norte y dos hacia la vertiente Sur, existiendo un total de 89 conductos. En cada conducto fueron asignadas las propiedades geométricas de la sección transversal circular, entiéndase diámetros (obtenidos del diseño por SewerUp), longitud, coeficiente de rugosidad (0,013 para tubos de PEAD, considerando rugosidad del material 0,009 y un incremento del 45% (0,004) para tomar en cuenta posibles resistencias adicionales de sedimentos, desechos en los conductos, etcétera y sus respectivos desniveles en la salida.

Una vez completados los datos necesarios, se procede a desarrollar las simulaciones con SWMM, correspondientes para los períodos de retorno T_r establecidos con anterioridad con el objetivo de evaluar el diseño de la red de drenaje pluvial en términos de capacidad de conducción y sobrecarga de los conductos. En el Anexo16 se muestran los resultados obtenidos para cada uno de los escenarios probables formulados en los nodos de vertido. En la Figura 3.24 a) – d) se presentan los hidrógrafos para dichos nodos, así como un perfil longitudinal preestablecido por el autor de esta investigación para la verificación en el instante de máxima descarga (t = 3 horas).

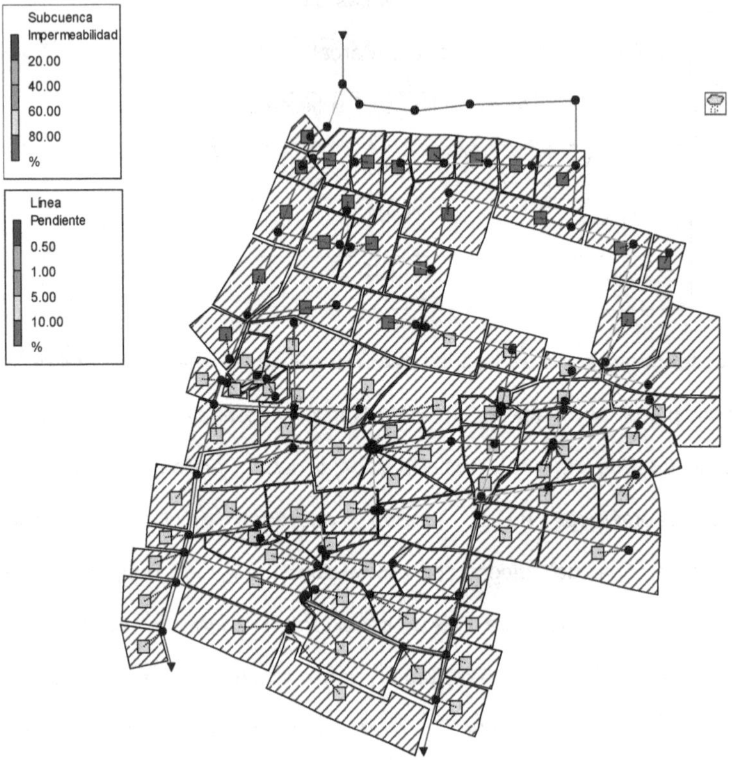

Figura 3.23 Modelo conceptual de la cuenca urbana de Marçal en SWMM

Fuente: Elaboración propia

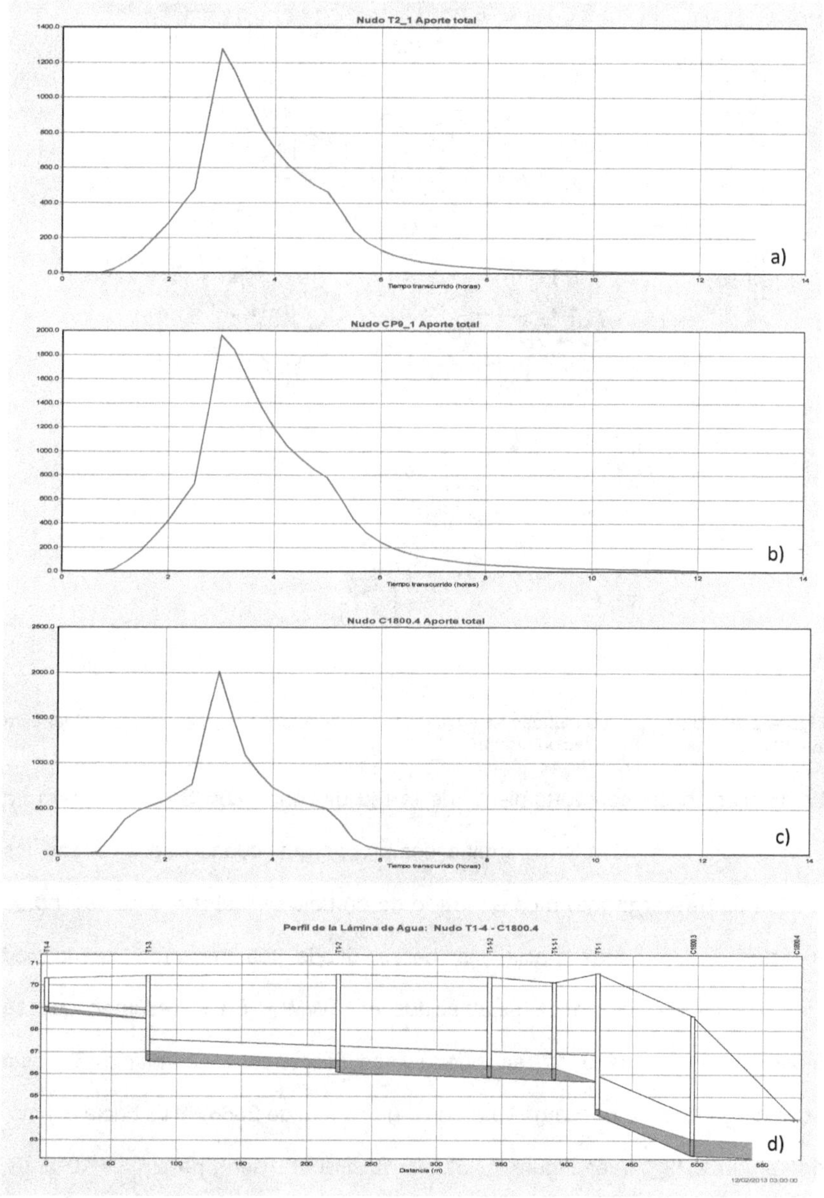

Figura 3.24. Resultados para T_r = 10 años, a) Nodo C1800.4 b) Nodo T 2_1, c) CP 9_1, d) Perfil long. T 1_4-C1800.4 para t = 3 horas.
Fuente: Elaboración propia.

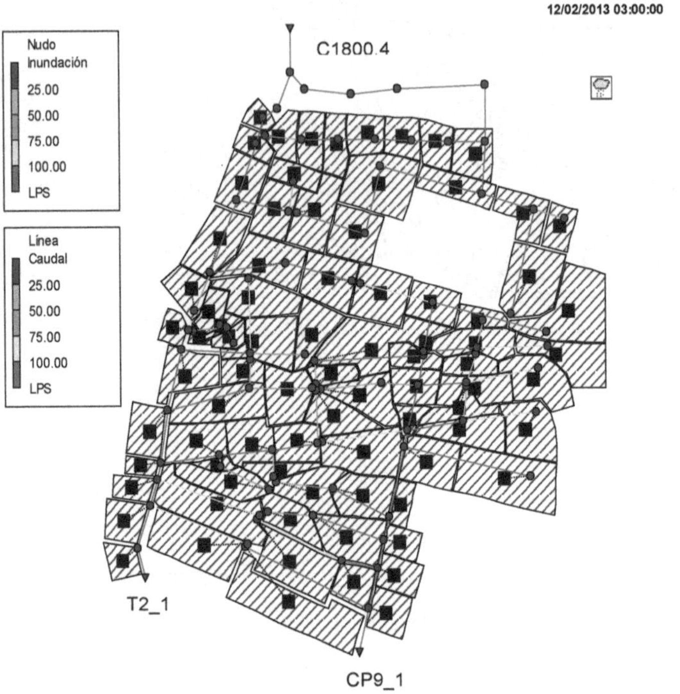

Figura 3.25 Verificación de inundación y caudales máximos en la red de drenaje pluvial para T_r= 10 años. **Fuente**: Elaboración propia.

La simulación del comportamiento de la red diseñada con SewerUp, para un evento con T_r = 10 años, permitió comprobar que cuando se alcanzan los niveles de descarga máximos en la red de drenaje pluvial (t = 3 horas), no se detectan inundaciones hacia las calles desde los registros de la red identificados por los nodos establecidos en SWMM. En el resumen que se muestra en el Anexo 17 se puede identificar que el conducto 61 está sobrecargado, pero descarga libremente un caudal de 2066.58 l/s hacia el nodo de vertido CP9_1 (ver Figura 3.25), por lo que el diseño para T_r = 10 años, puede considerarse satisfactorio al no existir condiciones anómalas en el resto de los conductos de vertido (T2_1 y C1800.4).

En el Anexo 18 no se reportan inundaciones asociadas a desbordamientos en los nodos establecidos (registros) para los T_r analizados (inferiores y superiores al T_r de diseño), salvo en la situación extrema de T_r = 100 años en que el nodo CP9.200 rebosa un caudal de 7.49 l/s pero dura solamente 0,1 h (6 min). Esto quiere decir que el volumen asociado a ese caudal es despreciable y no se reportarían daños asociados a la insuficiencia de la red frente a intensas lluvias.

3.15 Cálculo del costo de la red de drenaje pluvial

La determinación del valor del costo de construcción de la red de drenaje pluvial se ha realizado en el Anexo 19 considerando una serie de actividades, cuyo valor unitario fue suministrado gentilmente por UTGSL y permitió establecer que el costo directo de construcción será igual a 1124719914 AKZ (11247199 USD aproximadamente), donde se contempla todo lo relacionado con materiales, mano de obra y equipos (UTGSL 2012).

Por lo tanto, considerando un 9 % de interés (que toma en cuenta el efecto de la inflación en Angola) y una vida útil de 25 años, es posible obtener el valor del costo total anual de la red de drenaje pluvial para el T_r seleccionado para el diseño de la red de Marçal, los resultados se observan en la Tabla 3.13. El costo de mantenimiento anual de la red se ha estimado como un 3% del total anual. Se ha considerado una tasa de cambio de 1USD = 100 AKZ.

Tabla 3.13. Costo anual de la red de drenaje pluvial de Marçal.

Fuente: Elaboración propia.

i = 9 % N = 25 años						
T_r(años)	Moneda	Costo de construcción	Inversión anual	Costo esperado de daños	Costo de mantenimiento	Costo total anual
10	AKZ	1124719914	114503517	0	2336806,48	116840324
	USD	11247199,14	1145035,17	0	23368,06	1168403,24

3.16 Consideraciones finales

La necesidad de asignar recursos económicos a las instituciones responsables por los registros de información estadística sobre la demografía y el medio ambiente del territorio de Angola, dotaría al país de una base de datos confiables y permitiría prevenir de enfermedades de origen hídrico, causantes muchas veces de altas tasas de mortalidad en todo el territorio.

La necesidad de contar con los sistemas de drenaje pluvial adecuados y de estrategias para el diseño de redes de drenaje pluvial utilizando las herramientas de la modelación matemática son notablemente visibles en Luanda, permiten contarse con niveles de calidad en las vías urbanas y sanear los barrios periféricos de la ciudad de Luanda, previniendo así a las poblaciones de estas zonas de enfermedades de origen hídrico y de altos niveles de polución atmosférica; así como evidentes efectos asociados a la erosión del suelo.

La estrategia desarrollada en esta tesis, aplicable en un escenario típico de los barrios de la ciudad de Luanda, a partir de la construcción de un modelo digital del terreno, usando herramientas de modelación espacial, de patrones de precipitación, determinados con herramientas de modelación temporal, articuladas con herramientas de modelación hidrológica e hidráulica, permiten diagnosticar, diseñar y verificar las redes de drenaje pluvial con enfoque multidisciplinario, que satisfaga los requisitos de diseño racional y que se adecue a las condiciones de los barrios de la ciudad de Luanda, donde partiendo de una inevitable escasez de datos, adquiridos además de diversas fuentes de origen, sea posible crear una adecuada base de datos espaciales y temporales correspondiente a estas áreas que se pretende en poco tiempo dotarlas de un nivel y calidad de vida para las poblaciones que allí residen.

Conclusiones parciales del Capítulo III

Como resultado del estudio del estado del arte, de la identificación de las condiciones del barrio Marçal y de la aplicación de las ideas que conforman la estrategia elaborada en el caso de estudio, se pueden establecer las siguientes conclusiones:

1. Se consiguió construir el MDT del barrio Marçal, con la calidad exigida para reflejar la tendencia general del relieve, tener una resolución espacial de 2m, cumplir con todos los criterios de validación de la calidad que fueron establecidos (compatibilidad del modelo con la cartografía base, validación recíproca, evaluación de residuos y criterios cualitativos) y presentar la superposición del ambiente construido encima del relieve natural.
2. El uso integrado del modelo digital del terreno para el barrio Marçal, construido a partir de datos de diferentes fuentes, conjuntamente con las herramientas de modelación espacial y temporal, permitió simular los escurrimientos en la cuenca urbana del mismo barrio y conducirlos de forma segura por los cauces naturales.
3. La aplicación de una estrategia de calibración para las herramientas de simulación hidrológica – hidráulica, por más modesta que ella sea, con los datos correspondientes a la cuenca del barrio Marçal, permitió arribar a resultados más confiables que ante la carencia total de calibración.
4. La simulación de los escurrimientos por las calles de la barriada de Marçal, con herramientas de simulación hidrológica – hidráulica, permitió

determinar niveles de profundidad y velocidades de circulación, que conducen a establecer criterios de peligro por intensas lluvias.

5. La aplicación de herramientas para el diseño de la red de drenaje pluvial del barrio Marçal, permitió obtener un diseño más racional en comparación al propuesto por la Unidad Técnica de Gestión y Saneamiento de Luanda. Cuando se evalúan para el mismo período de retorno (Tr = 10 años), se pudo comprobar la posibilidad de una disminución significativa de los diámetros de tuberías para la red de dicho barrio, con el consiguiente ahorro monetario.
6. La simulación en periodo extendido para verificar la propuesta de diseño efectuado en SewerUp para Tr = 10 años, permitió comprobar que cuando se alcanzan los niveles de máxima descarga en la red de drenaje pluvial (t = 3 horas), no se detectan inundaciones hacia las calles desde los registros de la red, identificados por los nodos establecidos en SWMM.

Conclusiones Finales

1. Se elaboró una estrategia para el diagnóstico, diseño y verificación de redes de drenaje pluvial, basada en el uso de modelos del terreno y aplicando herramientas de modelación matemática, apta para su aplicación en la ciudad de Luanda.
2. Se construyó el MDT del barrio Marçal, que cumple con los requisitos de resolución exigidos por su condición de área urbana, y con la aplicación de todos los criterios que aseguran la compatibilidad de los datos provenientes de todas las fuentes, la obtención de un modelo interpolado geoestadísticamente óptimo (kriging), y con una calidad del modelo final suficiente para su utilización en la simulación de los procesos de escurrimiento.
3. La elaboración del modelo digital del terreno para el barrio Marçal a partir de datos de diferentes fuentes, combinados con las herramientas de modelación espaciales, permitió simular los escurrimientos en la cuenca urbana del mismo barrio y conducirlos de forma segura por los cauces naturales.
4. Se aplicó la estrategia propuesta en la zona seleccionada como caso de estudio, lo que permitió establecer criterios sobre los peligros de inundación ante intensas lluvias, como etapa de diagnóstico de la situación actual del barrio. Para este diagnóstico se adoptó la estrategia de calibración basada en los caudales máximos para las dos vertientes de la cuenca correspondiente al barrio Marçal.
5. En el diseño con SewerUp de la red de drenaje pluvial para el caso de estudio se arribó a resultados económicos más racionales en términos de

diámetros y precios, en comparación con la propuesta previa presentada por la Unidad Técnica de Gestión y Saneamiento de Luanda (UTGSL), ya que se obtuvo la reducción de 65 diámetros en conductos de varios tramos de la red, que representa un 74% del total. Además respecto a la propuesta de UTGSL se reportó un incremento en diámetro en solamente 7 conductos, mientras que en otros 16 se mantuvieron las especificaciones preestablecidas.

6. La verificación del diseño efectuado en SewerUp para Tr = 10 años permitió comprobar que cuando se alcanzan los niveles de descarga máximos en la red de drenaje pluvial (t = 3 horas), no se detectan inundaciones hacia las calles desde los registros de la red identificados por los nodos establecidos en SWMM.
7. La evaluación económica del costo de la red de drenaje pluvial se realizó teniendo en cuenta los resultados del diseño con la aplicación de SewerUp bajo las mismas condiciones que las empleadas por UTGSL, resultando un 20% más económico que el presupuesto de la propuesta original.

Recomendaciones Finales

1. Proponer a las instituciones del gobierno de la provincia de Luanda que sea considerada de manera inmediata la introducción del uso de la estrategia propuesta en esta tesis, en los trabajos de creación de nuevas redes de drenaje pluvial, y en el diagnóstico, remodelación y verificación de redes ya existentes, para los barrios de la ciudad de Luanda.
2. Apelar a las Instituciones del Gobierno de la República de Angola para comenzar el monitoreo sistemático y organizado de la ocurrencia de eventos de lluvia, tanto en Luanda como en otras regiones del país, con el fin de conformar bases de datos que soporten estudios futuros que utilicen la lluvia como información de entrada.
3. Determinar los parámetros que caracterizan las tormentas típicas de Luanda (altura de lámina y velocidad), para calibrar mejor los modelos y así obtener resultados más confiables.
4. Recomendar a las instituciones afines del Gobierno de Angola, la introducción de los Lineamientos Metodológicos para la Evaluación de vulnerabilidad y riesgo de desastres de inundaciones por intensas lluvias.
5. Considerar la utilización de otras herramientas de modelación matemática, de mayor alcance y precisión, pero más exigentes en materia de datos, para su eventual utilización en el diagnóstico, diseño, y verificación de redes de drenaje pluvial en el contexto angolano.
6. Continuar los trabajos encaminados a generalizar las ideas incluidas en la estrategia propuesta en esta tesis, para su posible uso en otras regiones de Angola o de África.

REFERENCIAS BIBLIOGRÁFICAS

1) Alfonso, J. R. (1983). Matemática Aplicada a la Geofísica. La Habana, Ediciones ENSPES.

2) AMA-CITMA (2012). "Nueva versión de los lineamientos metodológicos para la realización de los estudios de peligro, vulnerabilidad y riesgos de desastres de inundación por intensas lluvias". AMA-CITMA. La Habana, Cuba.

3) Assambleia_Nacional_da_República_de_Angola (1994). Regulamento geral dos sistemas públicos e preidiáis de distribuição de água e de drenagem de águas residuáis. Luanda, Diário da República. **Decreto-lei 207/94**.

4) Assambleia_Nacional_da_República_de_Angola (1995). Regulamento geral dos sistemas públicos e preidiáis de distribuição de água e de drenagem de águas residuáis. Luanda, Diário da República. **Decreto Regulamentar 23/95**.

5) Aventín, F. A. y. G., M; (2007). Estudio de la vulnerabilidad de una red de drenaje mediante el método de Monte Carlo. Barcelona. España, UPC.

6) Barnes, R. (2002). Variogram Tutorial, Golden Software, Inc.

7) Bladé, E. and M. Gómez-Valentín (2006). Modelación del flujo en lámina libre sobre cauces naturales. Análisis integrado en una y dos dimensiones. M. CIME, Barcelona.

8) Blue_Marble_Geographics (2011). Global Mapper v 13.00 Help System.

9) Burrough, P. A. and R. A. McDonnell (1998). Principles of Geographycal Information Systems, Oxford University Press.

10) Cabrera, M., D (2012). "Acciones para la recuperación de emisores y colectores en la ciudad de Mexico." (JALISCO, MÉXICO,): 523.

11) Calzas, P. M. (2013). "Modelización del canal de la planta TEL en la U.P.T de As Pontes". . España, Universidad da Coruña. Universidad de Santiago de Compostela. Universidad de Vigo. **Tesis de Máster en Ingeniería Matemática**.

12) Câmara_do_Governo_Português (1989). Dispositivos de entrada de sumidouros e dispositivos de fecho de câmaras de visita, para circulação de peões e veículos. Lisboa. **Norma Portuguesa NP EN 124**.

13) Cea, L. P., J; Vázquez-Cendón, Ma. E; (2009) "Evaluación de corrientes litorales y frentes de marea mediante modelización bidimensional en rías y desembocaduras de ríos".

14) Chow, V. T. M., D; y Mays, L; (1994). "Hidrología Aplicada." Mc Graw Hill.

15) CONAGUA (2007) "Manual de agua potable, alcantarillado y saneamiento. Alcantarillado Pluvial"

16) Da Silva, D. D., et al. (2014a). Creación del modelo digital de elevaciones de una zona urbana para la simulación hidrológica. Ingeniería Hidráulica y Ambiental. La Habana, Cuba. **Vol. XXXV, No. 2:** p. 123-137.

17) Da Silva, D. D., et al. (2014b). Estimación de caudales máximos en una cuenca urbana de Luanda. Revista Ingeniería Hidráulica y Ambiental. La Habana, Cuba, CIH, CUJAE. **Vol 35, No3**.

18) de Almeida, A. C. (2011). Qualificação e reabilitação de áreas urbanas críticas. Os musseques de Luanda. Faculdade de Arquitectura. Lisboa, Universidade Técnica de Lisboa. **Mestrado:** 97.

19) Díaz, M. A. (2002). Geoestadística Aplicada. México, Instituto de Geofísica, UNAM: 144.

20) Doyle, J. F. (1978). "Digital Terrain Model. An Overview." Photogrammetric Engineering and remote sensing **44**: 1481-1845.

21) Environmental Protection Agency, E. (2005). "User's Manual, SWMM 5.0". E. Environmental Protection Agency. USA.

22) European_Petroleum_Survey_Group_EPSG (2013). Base de Datos de Parámetros Geodésicos. EPSG, EPSG.

23) Fallas, J. (2007). Modelos digitales de elevación: teoría, métodos de interpolación y aplicaciones. L. d. T. y. S. d. I. G. (TeleSIG) and E. d. C. A. y. P. R. e. M. d. V. Silvestre. Costa Rica, Universidad Nacional: 86.

24) Felicísimo, A. M. (2008). Modelos digitales del terreno. Introduccion y aplicacion a las Ciencias Ambientales. España.

25) FLOODsite (2010). "FLOODsite." Retrieved Octubre, 2012, from http://www.floodsite.net.

26) Glotov, G. P. (1980). Curso de Geodesia Aplicada a la Ingenieria. Moscu, Editorial Mir: 73.

27) Golden_Software (2011). Surfer Help System. Golden, Colorado, USA.

28) Gómez, M., et al. (2006). Comparative analysis among different hydrological models to study the hydraulic behavior of urban streets The 7th Int. Conf. on Hydroscience and Engineering (ICHE-2006), Philadelphia,USA.

29) González, A. J. C. (2012). Simulación numérica de inundaciones en Villahermosa". División Académica de Ciencias Básicas. Cunduacán,Tab.,México, Universidad Juárez Autónoma de Tabasco. **Tesis de Maestro en Ciencias en Matemáticas Aplicadas**.

30) Henao, R. G. (2003). Introducción a la Geoestadística. Teoría y Aplicación. F. d. Ciencias. Bogotá, Colombia, Universidad Nacional de Colombia: 94.

31) IGCA (1987). Carta 1:25000 Folha No 89-D-I Cacuaco. M. d. Defesa, Instituto de Geodesia e Carografia de Angola.

32) Ingle, V. K. and J. G. Proakis (1997). Digital Signal Processing Using MATLAB V.4. Boston, USA, PWS Publishing Company.

33) Instituto_Geográfico_Militar_del_Ecuador (2006). Especificaciones técnicas generales para la realización de cartografía topográfica a cualquier escala. Quito, Ecuador, IGMA.

34) Isaaks, E. H. and R. M. Srivastava (1989). Applied Geostatistics. New York, Oxford University Press.

35) Jacksic, Z. (1973). Man-Machine photogrammetric systems and systems component. P. R. n. R. Council. Otawa canada.

36) Jiménez, G. C. (1984). El modelo digital del terreno y sus múltiples aplicacciones. Conferencia Cientifica de ingenieria Civil, Geodesia y cartografia, La Habana, ISPJAE.

37) Lemohtov, L. y. M., Y (1978). The use of digital terrain model for outmatted relief drawing. USSR, National Committee of Photogrammetry of the USSR.

38) León, A. J. and A. Rojas (2012). Procesa pluviogramas. Centro de Investigaciones Hidráulicas.

39) Li, Z. Z., Q; Gold, C; (2005). Digital terrain modeling: principles and methodology. USA, CRC Press.

40) López, R. (1995). Método racional en zonas urbanas. Bases conceptuales y aplicación al nivel de subcuencas. Curso de Hidrología Urbana. M. Gómez. Cataluña, Universitat Politècnica de Catalunya.

41) Martínez, Y. (2006). Análisis del comportamiento hidráulico de canales en régimen impermanente mediante la modelación matemática. Centro de Investigaciones Hidraulicas. La Habana, Cuba, Instituto Superior Politecnico Jose Antonio Echeverria. **Tesis Doctotal**.

42) Mesofts (2010). SewerUp v 11.02.04 . Manual de Ayuda Rápida, Mesofts, Inc: 23.

43) Microsoft (2013). Sistema de Ayuda de Microsoft Office.

44) Mul, M. L. (2009). Understanding Hydrological Processes in an Ungauged Catchment in sub-Saharan Africa. Delft, The Netherlands, Delft. **Doctor:** 146.

45) Mustafa, H. M. (1986). Performance evaluation of two bivariate processes for Digital terrain Model using transfer functions. Egypt, Photogrammetry Engineering and Remote Sensing.

46) Nanía, L. (1999). Metodología Numérico Experimental para el análisis del Riesgo asociado a la Escorrentía Pluvial en una Red de Calles. Barcelona, España, Universidad Politécnica de Cataluña **Tesis Doctoral**.

47) Nanía, L. E., L; Gómez, M; Dolz-Ripollés, J; (2006). Análisis de la peligrosidad de la escorrentía pluvial en zona urbana utilizando un enfoque numérico-experimental. Ingeniería Hidráulica en México. Mexico. **XXI(2)**.

48) Olaya, J. (2004). Hidrologia computacional y Modelo digital del terreno.

49) Pereira, A. R., et al. (2002). Agrometeorologia: Fundamentos e Aplicações Práticas. São Paulo, Guaíba Livraria e Editora Agropecuária.

50) Riccardi, G. (2001). Un sistema de Modelación Hidrológica – Hidráulica Cuasi – Bidimensional para ambientes Rurales y Urbanas. Cordoba, Argentina, Universidad Nacional de Córdoba. **Tesis Doctoral**.

51) Rodríguez, Y. (2011). Modelación hidrológica de avenidas. Caso de estudio: cuenca del río Zaza. Centro de Investigaciones Hidráulicas. La Habana, Instituto Superior Politécnico "José Antonio Echeverría" CUJAE. **Tesis Doctoral:** 183.

52) Russo, B., et al. (2006). A simple hydrological approach to design inlet systems in urban areas according to risk criteria. 7th Int. Conf. on Hydroscience and Engineering (ICHE-2006), Philadelphia,USA.

53) Sánchez, L. (2010a). Estimación de la vulnerabilidad a las inundaciones pluviales en el sector nor-oeste de la ciudad de Coro apoyado en un sistema de información geográfica. XXIV Congreso latinoamericano de hidráulica, Punta del Este. Uruguay, IAHR.

54) Sánchez, L. and A. Álvarez (2012b). Sistema de Información Geográfica y sus aplicaciones en la gestión del drenaje pluvial urbano. Revista Croizatia-UNEFM. Revista Multidisciplinaria de Ciencia y Tecnología. Venezuela. **Vol 12. No 2**.

55) Sánchez, L. A. (2012a). "Modelación integrada de sistemas de drenaje pluvial urbano en zonas predominantemente llanas". Centro de Investigaciones Hidráulicas. La Habana, Cuba, Instituto Superior Politécnico José Antonio Echeverría, Cujae. **Tesis Doctoral**.

56) SOGREAH-COBA (2007). Revisão do Plano Director de Saneamento de Luanda. Relatório Final. Luanda, Angola, Empresa de Limpeza e Saneamento de Luanda. Governo Provincial de Luanda.

57) Témez, J. R. (1991). "Generalización y mejora del método racional. Versión de la Dirección General de Carreteras de España." Ingeniería Civil(82): 6.

58) Trauth, M. H. (2010). MATLAB Recipes for Earth Sciences. Berlin, Germany, Springer – Verlag.

59) Tucci, C. E. M. (2007). Gestión de Inundaciones Urbanas. I. d. P. H. UFRGS. Brasil, Associação Brasileira de Recursos Hídricos. ABRH.: 317.

60) UTGSL (2012). Projeto de requalificação de bairros de Luanda. Anexo 2. Rede de drenagem de águas residuais pluviais. Bairro do Marçal. C. UTGSL. Luanda, Angola.

61) Viessmann, W., et al. (1977). Introduction to hydrology. New York, USA, Harper and Row.

62) Yarus, J. M. and R. L. Chambers (2006). "Practical Geostatistics - An Armchair Overview for Petroleum Reservoir Engineers." JPT: 10.

ANEXOS

Anexo 1

Clasificación de las representaciones de las superficies del terreno en forma digital.

- Representación digital del terreno
  - Matemática
    - Global
      - Series de Fourier
      - Polinomios
      - Otras expansiones
    - Local
      - Funciones a modo de parches regulares
      - Funciones a modo de parches irregulares
  - Gráfica
    - Puntos
      - Regularmente distribuidos
      - Irregularmente distribuidos
      - Puntos característicos
    - Líneas
      - Curvas de nivel
      - Curvas características
      - Perfiles
    - Superficies
      - Imágenes
      - Vistas en perspectiva
      - Otras superficies

Figura A1.1. Esquema de la clasificación de las representaciones de las superficies del terreno en forma digital. Adaptado de (Cea 2009).

Anexo 2

Características de los diferentes métodos de adquisición de datos para MDT.

Tabla A2.1. Comparación de algunas características de los diferentes métodos de adquisición de datos para MDT. Tomado de la tabla 3.6 de (Li 2005).

Método de adquisición	Exactitud de los datos	Rapidez	Costo	Dominio de aplicación
Levantamiento tradicional	Alta (cm – m)	Muy lento	Muy alto	Pequeñas áreas
Levantamiento con GPS	Relativamente alta (cm – m)	Lento	Relativamente alto	Pequeñas áreas
Fotogrametría	De media a alta (cm – m)	Rápido	Relativamente bajo	Áreas medianas a grandes
Fotogrametría espacial	Baja a media (m)	Muy rápido	Bajo	Grandes áreas
InSAR	Baja (m)	Muy rápido	Bajo	Grandes áreas
Radargrametría	Muy baja (10 m)	Muy rápido	Bajo	Grandes áreas
LIDAR	Alta (cm)	Rápido	Alto	Áreas medianas a grandes
Digitalización de mapas	Relativamente baja (m)	Lento	Alto	Áreas de cualquier tamaño
Escaneo de mapas	Relativamente baja (m)	Rápido	Bajo	Áreas de cualquier tamaño

Anexo 3

Construcción, tratamiento e interpretación de los variogramas.

Introducción.

El variograma caracteriza la continuidad espacial o la rugosidad de una magnitud. Desde el punto de vista de la Estadística unidimensional clásica, dos magnitudes pueden tener descriptores estadísticos idénticos, a pesar de que sus continuidades espaciales pueden ser muy diferentes (Ver Figura A3.1).

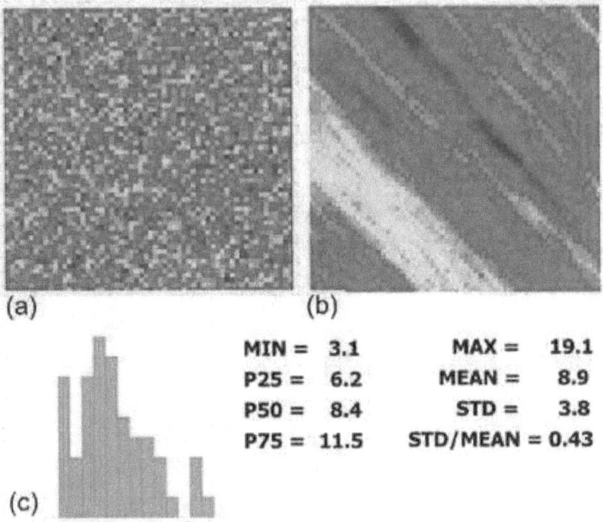

Figura A3.1. Patrones de distribución hipotéticos de la porosidad para (a) Datos organizados aleatoriamente, y (b) Datos altamente organizados. Las métricas de la estadística descriptiva básica, que son idénticas, se muestran en (c). **Fuente**: (Yarus and Chambers 2006).

En un caso como el mostrado en la Figura A3.1 es imposible establecer una distinción entre uno y otro caso, a partir de los mátodos de la Estadística clásica. La teoría de las Variables Aleatorias Regionalizadas o Geoestadística se dedica al estudio de estos tipos de fenómenos.

Los autocorrelogramas y los (semi) variogramas permiten descubrir, analizar y cuantificar estas situaciones con correlaciones espaciales diferentes.

El análisis estructural de una magnitud consiste en la construcción de los variogramas experimentales a partir de los datos, y luego el ajuste de un modelo teórico de variograma, de una cierta cantidad de modelos disponibles, al variograma experimental.

El modelo teório de variograma se escoge de un conjunto de funciones matemáticas que describen las relaciones espaciales. El modelo teórico apropiado se escoge haciendo coincidir la forma de la curva del variograma experimental a la forma de la curva de la función matemática del variograma teórico.

Con el uso de variogramas experimentales que reflejen las variaciones de la continuidad espacial en diferentes direcciones del plano es posible determinar la existencia o no de anisotropía, es decir, de variaciones del carácter de la variabilidad de la magnitud estudiada en diferentes direcciones.

¿Qué es un (semi) variograma?

Una definición matemática del semivariograma es

$$\gamma(\Delta x, \Delta y) = \frac{1}{2} E\{[Z(x + \Delta x, y + \Delta y) - Z(x, y)]^2\}, \qquad \text{(A3.1)}$$

donde $Z(x, y)$ es el valor de la variable en el punto (x, y), y $E\{\ \}$ es el operador estadístico "**esperanza matemática**", o promedio.

Observe que el variograma $\gamma(\Delta x, \Delta y)$ depende de la separación entre los puntos $(\Delta x, \Delta y)$, y no de la localización específica de los puntos (x, y).

Como función unidimensional, el variograma depende, también, de la dirección en que se toman las diferencias entre las parejas de puntos observados.

¿Qué representa un variograma?

La función variograma revela la disimilaridad promedio entre puntos separados por un vector especificado (en el sentido de un tamaño y una orientación).

La disimilaridad (en la ordenada del variograma) se mide mediante el cuadrado de las diferencias en los valores de Z observados, igual que la varianza.

El variograma se interpreta como una descripción de la rugosidad de una superficie, o una descripción de la variabilidad de la magnitud.

El variograma ominidireccional

En toda investigación geoestadística, inicialmente se construye el variograma omnidireccional, en el que se incluyen todos los datos y todas las direcciones posibles entre parejas de datos. Este variograma omnidireccional sirve como base a refinamientos posteriores en el proceso de estudio de la magnitud objeto de interés.

Cuando se ajusta un modelo teórico sobre el variograma experimental omnidireccional, se determinan sus parámetros, entre los que se destacan:

- La elección del tipo de modelo (ver Figura A3.2);
- La existencia o no de meseta;
- Si existe meseta, su altura;
- La existencia o no del efecto pepita;
- Si existe efecto pepita, su valor numérico;
- La longitud del alcance o rango.

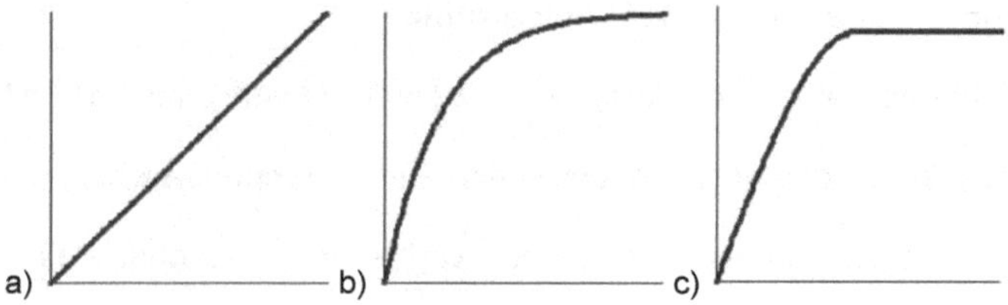

Figura A3.2. Modelos teóricos de variogramas. a) Modelo sin meseta (modelo lineal). b) Modelo con meseta (modelo exponencial). c) Modelo con meseta (modelo esfério). **Fuente**: (Barnes 2002)

En la Figura A3.3 se muestra un variograma experimental omnidireccional y su correspondiente modelo teórico, en el que se encuentran definidos los parámetros del modelo.

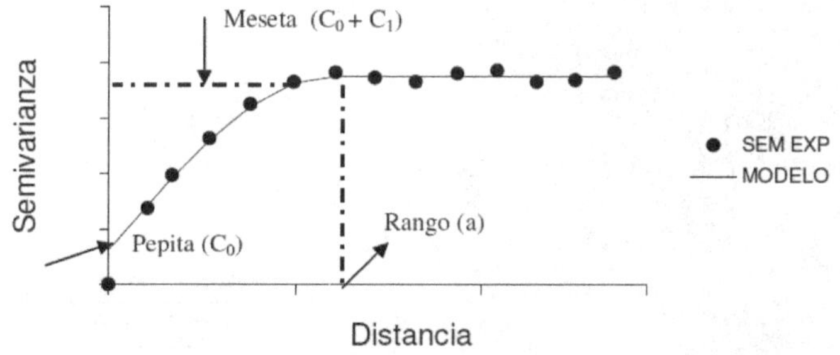

Figura A3.3. Comportamiento típico de un semivariograma con meseta, con una representación de los parámetos básicos. **Fuente**: (Henao 2003)

Estos parámetros ayudan a definir cuál es el modelo matemático que explica las variaciones aleatorias de la magnitud objeto de interés.

También sobre el variograma omnidireccional se puede estudiar interactivamente (con el auxilio de software que lo soporte) los cambios que se producen al orientar el variograma en una determinada dirección. Este proceso da paso a la construcción de los variogramas direccionales.

Los variogramas direccionales. Anisotropía.

Frecuentemente el variograma experimental puede mostrar diferentes parámetros para diferentes direcciones. Este comportamiento refleja un fenómeno frecuente en las magnitudes con variaciones epaciales, llamado **anisotropía geométrica**, o simplemente anisotropía. En el caso de variogramas con un modelo lineal, aparecerían como diferencias en las pendientes de la recta en diferentes direcciones, mientras que para modelos con meseta la anisotropía se manifestaría como diferentes rangos o alcances en diferentes direcciones (ver Figura A3.4).

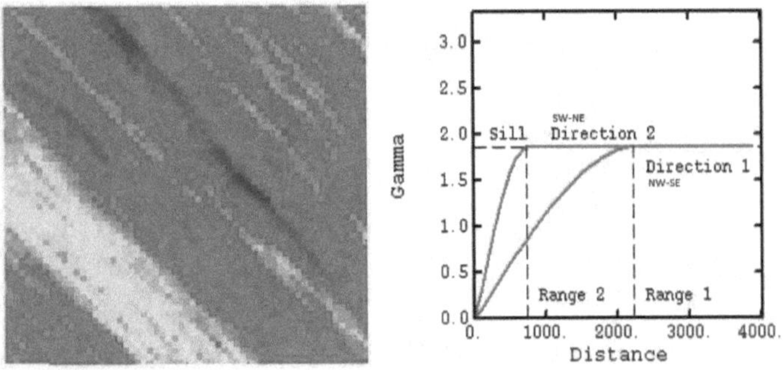

Figura A3.4. Estudio de los variogramas direccionales. a) En las direcciones de máxima y mínima variabilidad. b) Variogramas teóricos correspondientes. **Fuente**: (Yarus and Chambers 2006).

Los software modernos permiten hacer un estudio de la anisotropía de manera interactiva, lo que permite determinar cuáles son las direcciones de máximo y mínimo alcances, que coinciden con las direcciones de mínima y máxima variabilidad, respectivamente. El conocimiento de las direcciones extremas de la anisotropía permite establecer estrategias óptimas para el muestreo de la magnitud objeto de estudio, y para determinar entornos óptimos de búsqueda de vecinos en el proceso de estimación o interpolación geoestadística.

Anexo 4

Aspectos relacionados con el Análisis de Fourier, los filtros pasa bajas y sus características.

Con el ánimo de simplificar los contenidos, inicialmente las explicaciones y los gráficos que se presentarán aquí serán para ejemplos en 1-D, aunque la extensión al caso 2-D se puede hacer fácilmente y sin perder generalidad, desde el punto de vista conceptual. Al final del anexo se presentarán ejemplos bidimensionales.

Procesamiento de señales y filtración

Las observaciones secuenciales más comunes en las Geociencias son aquellas correspondientes a escalas numéricas de relaciones o de intervalos. En todas ellas, cada observación se corresponde con un número real, resultante de una medición o estimación. A toda secuencia numérica de este tipo, con un intervalo de muestreo único e invariable, y que presente un comportamiento fluctuante, se le denomina genéricamente **serie temporal**, independientemente de que las observaciones se realicen en el tiempo o en el espacio.

El procesamiento de una serie temporal puede hacerse tomando como base el comportamiento de la serie en dos dominios diferentes:

- El dominio del tiempo (o del espacio). En este caso se conoce el comportamiento del fenómeno bajo estudio en función del tiempo, el espacio o de una cierta variable independiente equivalente. Este es el dominio más común, pues es en el que se adquieren la mayoría de los datos.

- El dominio de la frecuencia. En este dominio se presentan las frecuencias de las diferentes componentes de la serie temporal. Esta representación corresponde a la composición espectral o la transformación de Fourier del fenómeno bajo estudio. El conocimiento de este dominio es más privativo de una cierta élite de especialistas entendidos en esta materia.

Sin embargo, los dos dominios resultan completamente equivalentes, pero la apariencia de un mismo fenómeno en cada uno de estos dos dominios es muy diferente, y como consecuencia, las operaciones matemáticas para procesar los datos en uno y otro dominio, presentan marcadas diferencias.

La Figura A4.1 presenta el aspecto general que tiene una serie temporal cuando se representa en el dominio del tiempo. En este gráfico se pueden identificar tres componentes de diferentes características:

- Una componente que refleja una tendencia general
- Una componente de tipo estacional o cíclica y
- Una componente de carácter local o aleatoria.

La representación de la misma serie temporal en el dominio de la frecuencia queda en términos de la composición espectral o de frecuencias de la serie observada. La Figura A4.2 muestra la representación de la misma serie temporal en el dominio de la frecuencia. En estos gráficos el eje horizontal se refiere a la frecuencia (en este caso, normalizada entre 0 y 0.5). En el eje vertical se representa el cuadrado de la amplitud de cada componente armónica. Se pueden identificar las siguientes regularidades:

- La tendencia está compuesta por componentes armónicas (senos y cosenos) de bajas frecuencias.

- El comportamiento cíclico o estacional se manifiesta cuando hay componentes armónicas con frecuencias intermedias.
- Las fluctuaciones aleatorias locales son debidas a componentes armónicas de altas frecuencias.

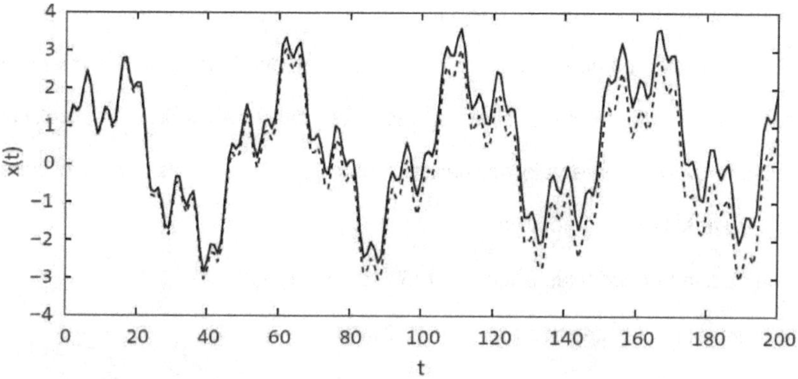

Figura A4.1. Aspecto general de dos series temporales representadas en el dominio del tiempo. En línea discontinua, la serie original; en línea continua, el resultado de adicionar una tendencia lineal. Fuente: (Trauth 2010).

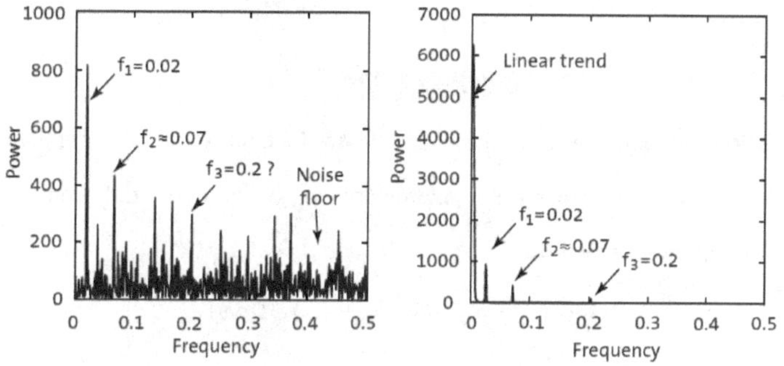

Figura A4.2. Aspecto general del espectro de una serie temporal, representado en el dominio de la frecuencia. A la izquierda, el espectro de la serie temporal original de la Figura A4.1. A la derecha, el espectro de la serie temporal con tendencia lineal incluida. La tendencia lineal es interpretada como una componente de frecuencia cero y gran amplitud. Observe cómo el cambio de la escala vertical oculta la mayoría de las componentes de baja amplitud. Fuente: : (Trauth 2010).

El estudio riguroso de las componentes de diferentes frecuencias de una serie temporal se hace en el contexto del Procesamiento de Señales, y sobre la base de:

- La Teoría de los Sistemas Lineales
- Haciendo uso de las herramientas del Análisis de Fourier (Series de Fourier y Transformación de Fourier).

Para una mejor comprensión, considere que la distribución de frecuencias presentes en las componentes armónicas de una serie temporal es representada en el intervalo normalizado entre 0 y π radianes. En este caso, calificaremos, tentativamente de

- Bajas a las frecuencias entre 0 y $\pi/3$
- Medias a las frecuencias entre $\pi/3$ y $2\pi/3$
- Altas a las frecuencias entre $2\pi/3$ y π

La operación matemática que transforma una función $f(t)$ del dominio del tiempo a su correspondiente expresión en el dominio de la frecuencia es la Transformación de Fourier

$$\mathcal{F}\{f(t)\} = F(\omega) = \int_{-\infty}^{\infty} f(t)\, e^{-i\omega t} dt \ . \qquad \text{(A4.1)}$$

La operación matemática que transforma una función $F(w)$ del dominio de la frecuencia a su correspondiente expresión en el dominio del tiempo es la Transformación Inversa de Fourier

$$\mathcal{F}^{-1}\{F(\omega)\} = f(t) = \int_{-\infty}^{\infty} F(\omega)\, e^{i\omega t} d\omega \ . \qquad \text{(A4.2)}$$

El Procesamiento de Señales se refiere a técnicas para manipular una serie temporal

- para minimizar los efectos del ruido
- para corregir todo tipo de distorsiones indeseadas o
- para separar varias componentes de interés y atenuar otras.

Es en este último sentido que se discutirá aquí el uso de las herramientas del análisis espectral y el filtrado digital. La mayoría de los algoritmos de procesamiento de señales incluyen el diseño y la realización de filtros. Un filtro puede ser descrito como un sistema lineal que transforma señales. La Teoría de los Sistemas Lineales proporciona la base matemática para el diseño y la realización de los filtros. Un filtro, como sistema lineal posee una entrada y una salida, donde la señal de salida, $y(t)$ es modificada con respecto a la señal de entada, $x(t)$ (Vea la Figura A4.3.) La transformación de la señal se produce mediante la aplicación de una operación matemática, llamada convolución, entre la señal de entrada y el operador del filtro.

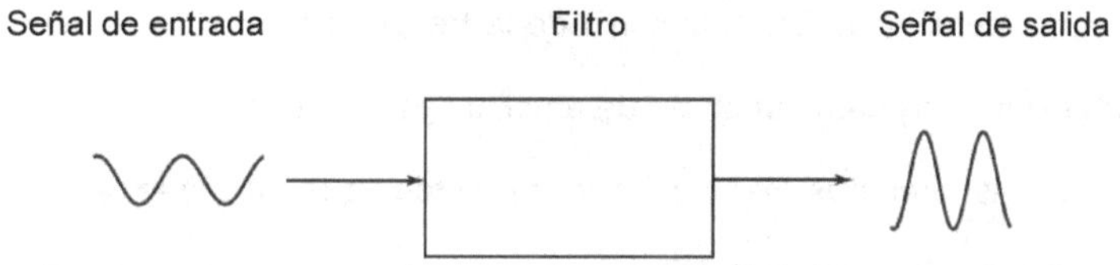

Figura A4.3. Esquema de un proceso de filtración. Una señal de entrada se transforma en una señal de salida mediante la acción del filtro.

Las herramientas matemáticas destinadas a la obtención de las componentes de diferentes frecuencias a partir de una serie temporal observada son llamadas **filtros**. Los filtros son una clase particularmente importante de **sistemas lineales invariantes en el tiempo**.

Estrictamente, el término **filtro de frecuencias** sugiere un sistema que permite el paso de ciertas componentes de frecuencia y rechaza todas las restantes. En un contexto más amplio, cualquier sistema que modifique ciertas componentes de frecuencia en relación con otras, también es llamado filtro. Como ejemplos se pueden mencionar los operadores en diferencias finitas, las fórmulas de integración numérica, las fórmulas de interpolación y otras.

Los **filtros digitales** son operadores numéricos (secuencias de números) que producen un determinado efecto cuando operan adecuadamente sobre una serie temporal. La actuación de un filtro sobre una serie temporal se hace sobre la base de ciertas operaciones matemáticas, que se pueden hacer equivalentemente, tanto en el dominio del tiempo, como en el dominio de la frecuencia, pero las operaciones en cada dominio son necesariamente diferentes.

Como cualquier otra entidad matemática, los filtros pueden ser tratados y representados tanto en el dominio del tiempo, como en el dominio de la frecuencia. En el dominio del tiempo, un filtro se representa mediante sus coeficientes numéricos. En el dominio de la frecuencia, un filtro se representa mediante sus curas características de amplitud y de fase.

Existen varias maneras de clasificar los filtros, que atienden a diferentes características. Una de las clasificaciones, muy común e importante, atiende a sus características de amplitudes (y a su efecto sobre las componentes de frecuencias de una serie temporal):

- Filtros pasa bajas. Este tipo de filtro deja pasar a la salida del filtro las componentes de bajas frecuencias presentes en la serie de entrada, y bloquea todas las componentes restantes.
- Filtros pasa banda. Este tipo de filtro deja pasar a la salida del filtro las componentes de frecuencias intermedias presentes en la serie de entrada, y bloquea todas las componentes restantes de bajas y altas frecuencias.
- Filtros pasa altas. Este tipo de filtro deja pasar a la salida del filtro las componentes de altas frecuencias presentes en la serie de entrada, y bloquea todas las componentes restantes.

- Filtros de rechazo. Este tipo de filtro bloquea a la salida del filtro las componentes de frecuencias intermedias presentes en la serie de entrada, y deja pasar todas las componentes restantes de bajas y altas frecuencias.

La Figura A4.4 muestra ejemplos de filtros con diferentes características de amplitudes.

Diseño de filtros

El diseño de filtros generalmente comprende las siguientes etapas:

- Especificación de las propiedades deseadas (ideales) del sistema en el dominio de la frecuencia.
- Aproximación de las especificaciones usando un sistema causal (no anticipativo) discreto en el tiempo. En este caso, no siempre se consigue alcanzar las características ideales. En particular, resultan de interés, por lo nocivas, las arrugas u ondulaciones que se presentan en la banda de rechazo. (Ver Figura A4.4.).
- Realización del sistema (obtención de los coeficientes del operador en el dominio del tiempo).

De cualquier manera, el uso de los filtros digitales es una técnica relativamente antigua y existen numerosos filtros pre-diseñados, con características bien conocidas, que pueden ser tomados de tablas y utilizados sin ninguna duda. Entre estos tipos de filtros sobresalen los filtros pasa bajas de promediación, por su sencillez y los gaussianos, por sus propiedades estadísticas.

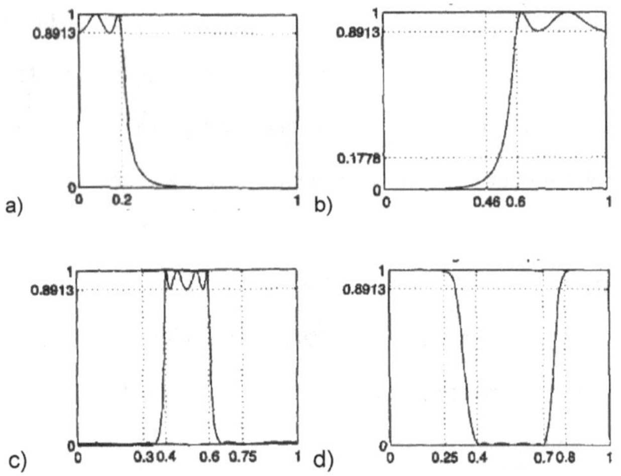

Figura A4.4. Características de amplitudes de filtros. a) pasa bajas, b) pasa altas, c) pasa banda y d) de rechazo. Fuente: (Ingle and Proakis 1997).

Proceso de filtración de una serie temporal

Se puede realizar en cualquiera de los dos dominios: el tiempo o la frecuencia.

En el dominio del tiempo:

La operación que produce la filtración en el dominio del tiempo es una operación relativamente poco conocida llamada **convolución** de los coeficientes del filtro con los valores numéricos de la serie temporal.

Simbólicamente, la convolución se representa como

$$y(t) = x(t) * h(t) \ . \qquad \text{(A4.3)}$$

En Matemática de las funciones continuas, la convolución en el tiempo se representa como

$$y(t) = \int_{-\infty}^{\infty} x(t) \ h(t - \tau) \, dt \ . \qquad \text{(A4.4)}$$

En Matemática discreta, la convolución en el tiempo se representa como

$$y_t = \sum_{s=0}^{\infty} x_s \ h_{t-s} \ . \qquad \text{(A4.5)}$$

En el dominio de la frecuencia:

La operación que produce la filtración en el dominio de la frecuencia es la **multiplicación** usual de la transformada de Fourier de los coeficientes del filtro con la transformada de Fourier de la serie temporal.

En Matemática de las funciones continuas, la multiplicación en la frecuencia se representa como

$$Y(\omega) = X(\omega) \times H(\omega) . \qquad \text{(A4.4)}$$

En Matemática discreta, la convolución en la frecuencia se representa como

$$Y_\omega = X_\omega \times H_\omega . \qquad \text{(A4.5)}$$

Mejora de la calidad del proceso de filtración

El desempeño de un filtro de regular calidad (por ejemplo, que presente muchas ondulaciones en la banda de rechazo) se puede mejorar. El análisis de esta situación se hace en el dominio de la frecuencia. La solución es hacer pasar el filtro repetidamente sobre la salida del paso anterior, hasta N veces. Este proceso equivale a pasar un filtro equivalente con una característica de amplitudes igual a la del filtro original, elevada a la potencia N.

Como resultado, la banda de paso del filtro equivalente se altera poco respecto a la del filtro original; la zona de transición se estrecha y la caída se hace más abrupta; Las ondulaciones nocivas en la banda de rechazo se aproximan a cero. Todas estas características del filtro equivalente son muy convenientes.

Como consecuencia inconveniente del uso de un mismo filtro N veces está la pérdida de datos de la serie temporal en la zona de borde del filtro. Para superar esta dificultad se recomienda el uso de series temporales de mayor longitud que el segmento verdaderamente de interés, de manera que perder datos en los márgenes no influye en los resultados de interés.

Suavización de modelos digitales de terreno

Los filtros que se emplean en la suavización de imágenes o mapas son filtros pasa bajas bidimensionales. La Figura A4.5 muestra las vistas "ecuatoriales" de las características de amplitudes de dos filtros pasa bajas bidimensionales comunes: el filtro de promediación de tres términos y el filtro gaussiano de tres términos. Como se puede apreciar, estos filtros cortos presentan unas características de amplitudes que denotan su baja calidad, pues la banda de paso es ancha, con una zona de transición sumamente amplia y en la banda de rechazo no se aproximan al valor cero. La Tabla A4.1 presenta los coeficientes de los filtros bidimensionales de promediación y gaussiano en el dominio del tiempo.

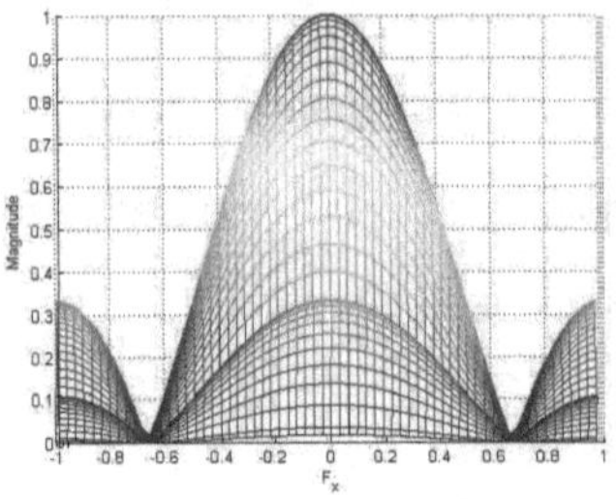

a)

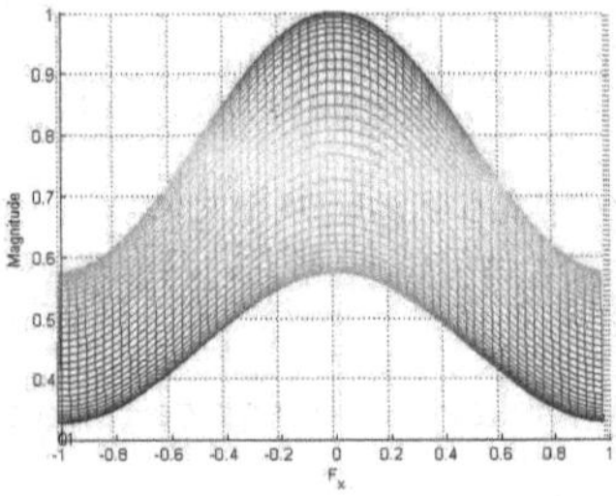

b)

Figura A4.5. Características de amplitudes de dos filtros pasa bajas bidimensionales. a) filtro de promediación de 3 x 3 coeficientes. b) filtro gaussiano de 3 x 3 coeficientes. Fuente: Elaboración propia.

Tabla A4.1. Coeficientes de los filtros bidimensionales de gaussiano y de promediación, de 3 x 3 coeficientes en el dominio del tiempo.

"1/16"	1	2	1
Versión corta del filtro	2	4	2
Gaussiano Pasa Bajas	1	2	1

"1/9"	1	1	1
Promedio móvil corto	1	1	1
en una vecindad cuadrada	1	1	1

Del análisis de los coeficientes de la Tabla A4.1 se puede inferir que:

- El filtro Gaussiano da un mayor peso al punto central, en comparación con los puntos periféricos. El filtro Gaussiano suaviza más lentamente.
- El filtro de promediación es más "imparcial", por atribuírle a todos los puntos el mismo peso, por lo que debe "suavizar" más la superficie. El filtro de promediación suaviza más rápidamente.

Como ambos filtros tienen características de amplitudes de baja calidad, se debe optar por aplicar el mismo filtro una cierta cantidad de veces. La Figura A4.6 muestra las características de amplitudes de los filtros equivalentes resultantes de la convolución con ellos mismos diez veces sucesivas.

a) 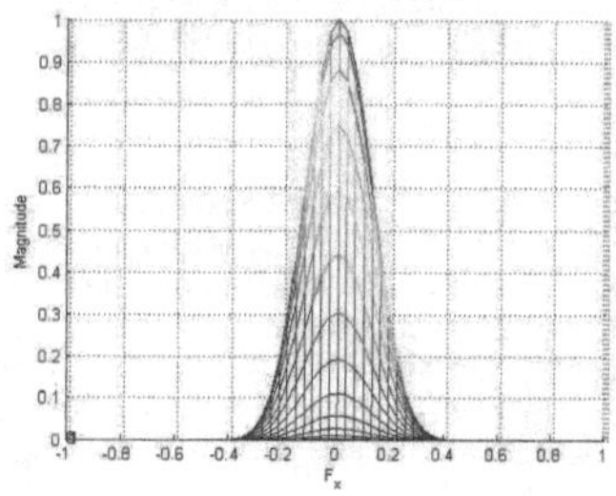

b) 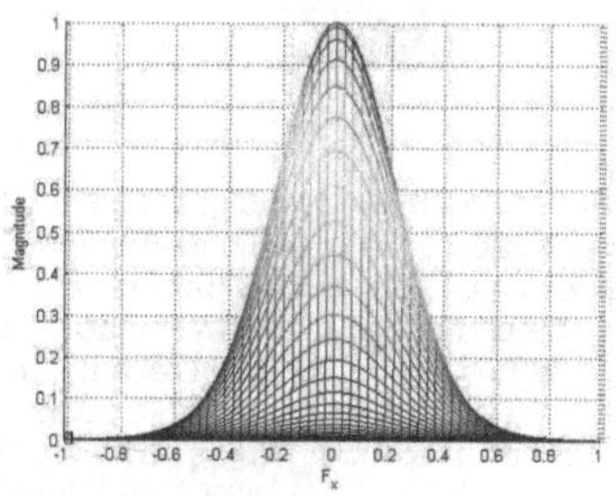

Figura A4.6. Características de amplitudes de dos filtros pasa bajas bidimensionales, que equivalen, respectivamente, a la aplicación sucesiva de los filtros de la Figura A4.5. diez veces. a) filtro obtenido a partir del filtro de promediación, con 21 x 21 coeficientes. b) filtro obtenido a partir del filtro gaussiano, con 21 x 21 coeficientes. Fuente: Elaboración propia.

Las Figuras A4.7 a A4.10 muestran el proceso de filtración, desde el modelo de elevaciones interpolado original, hasta el modelo de elevaciones suavizado con el filtro de promediación equivalente aplicado diez veces consecutivas.

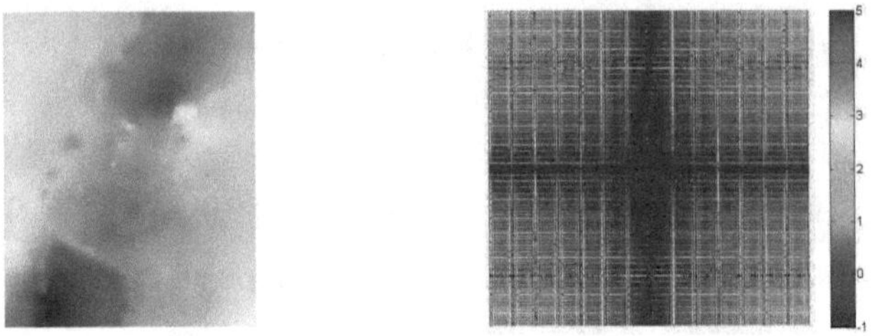

a) b)

Figura A4.7. Modelo digital de elevaciones interpolado original. a) representado en el dominio del tiempo. Observe la presencia de numerosas manchas asociadas a fluctuaciones locales de altas frecuencias. b) representado en el dominio de la frecuencia. Observe la presencia de componentes de frecuencias bajas (hacia el centro de la figura), medias y altas (hacia los bordes de la figura). Los colores rojos corresponden a componentes con amplitudes grandes y los azules corresponden a componentes con pequeñas amplitudes. Fuente: Elaboración propia.

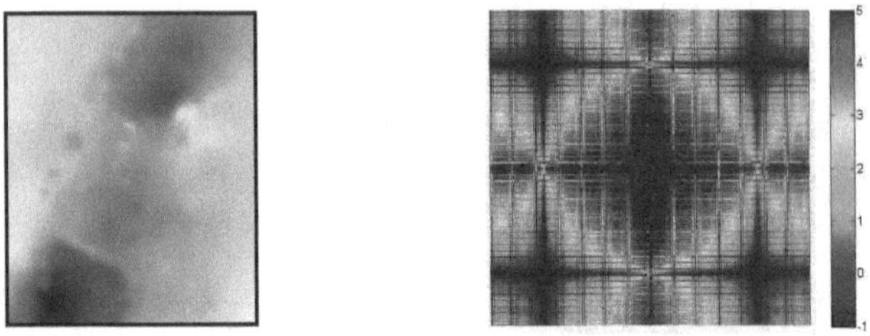

a) b)

Figura A4.8. Modelo digital de elevaciones sometido a un paso de suavización. a) representado en el dominio del tiempo. Observe la permanencia de numerosas manchas asociadas a fluctuaciones locales de altas frecuencias y la pérdida de pocos datos en el margen del modelo. b) representado en el dominio de la frecuencia. b) representado en el dominio de la frecuencia. Observe la presencia de componentes de frecuencias bajas (colores rojos hacia el centro de la figura), medias y menos componentes de altas frecuencias (colores rojos mezclados con azules hacia los bordes de la figura). Fuente: Elaboración propia.

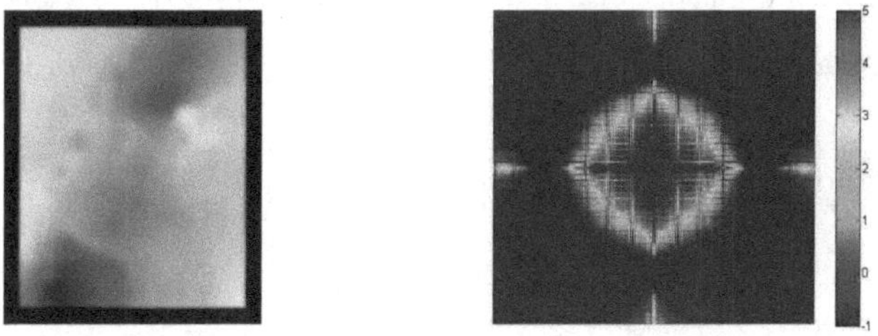

a) b)

Figura A4.9. Modelo digital de elevaciones sometido a cinco pasos de suavización. a) representado en el dominio del tiempo. Observe la permanencia de relativamente pocas manchas asociadas a fluctuaciones locales de altas frecuencias y la pérdida de aún más datos en el margen del modelo. b) representado en el dominio de la frecuencia. b) representado en el dominio de la frecuencia. Observe la presencia de componentes de frecuencias bajas y medias (colores rojos hacia el centro de la figura), y pocas componentes de altas frecuencias (colores predominantemente azules y pocos rojos hacia los bordes de la figura). Fuente: Elaboración propia.

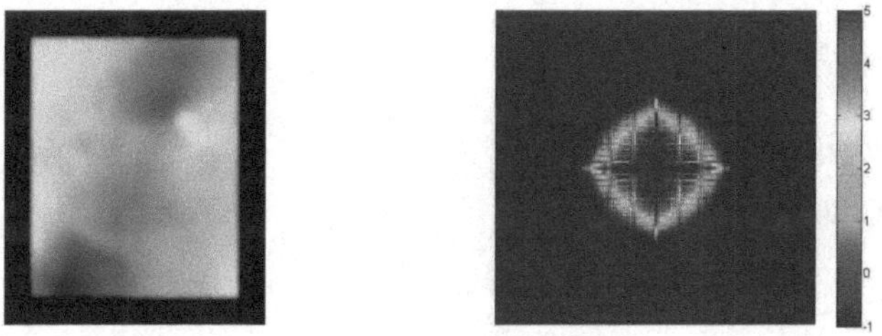

a) b)

Figura A4.10. Modelo digital de elevaciones sometido a diez pasos de suavización. a) representado en el dominio del tiempo. Observe la ausencia de las manchas asociadas a fluctuaciones locales de altas frecuencias y la pérdida de muchos datos en el margen del modelo. b) representado en el dominio de la frecuencia. Observe la presencia de componentes de frecuencias bajas y medias (colores rojos hacia el centro de la figura), y la ausencia de componentes de altas frecuencias (colores totalmente azules hacia los bordes de la figura). Fuente: Elaboración propia.

Finalmente, en la Figura A4.11 se presenta el código de un programa script de MATLAB para realizar la suavización de un modelo de elevaciones aplicando repetidamente un filtro de promediación, y la representación gráfica de los resultados.

Los gráficos presentados más arriba en las Figuras A4.7 a A4.10 fueron obtenidos con este programa script.

```
% Programa Filtracion.m
%
% Cargar la imagen original y hacer su representacion grafica
mapa=load('MDE (CN+DW+XL) (10m) - Marçal.asc.txt');
figure
imshow(mapa,[65 72],'InitialMagnification','fit')
%
% Obtener la transformada de Fourier de la imagen original
% y hacer su representación gráfica
%
F=fft2(mapa,256,256);
F2=fftshift(F);
F4=log(abs(F2));
%
figure
imshow(F4,[-1 5],'InitialMagnification','fit'); colormap(jet); colorbar
%
% Crear el operador del filtro de promediación (average);
% Hacer la convolución del filtro con él mismo 2, 4, 5 y 10
% veces;
% Hacer la convolución de la imagen (mapa) original con el
% operador de 10 veces;
% Hacer la representación gráfica de la imagen suavizada
```

```
% resultante
%
h1=fspecial('average');
h1_2=conv2(h1,h1);
h1_4=conv2(h1_2,h1_2);
h1_5=conv2(h1_4,h1);
h1_10=conv2(h1_5,h1_5);
mapasuav=conv2(h1_10,mapa);
figure
imshow(mapasuav,[65 72],'InitialMagnification','fit')
%
% Obtener la transformada de Fourier de la imagen suavizada
% Hacer su representación grafica
%
G=fft2(mapasuav,256,256);
G2=fftshift(G);
G4=log(abs(G2));
%
figure
imshow(G4,[-1 5],'InitialMagnification','fit'); colormap(jet); colorbar
%
```

Figura A4.11. Código de un programa script de MATLAB para realizar la suavización de un modelo de elevaciones aplicando repetidamente un filtro de promediación, y la representación gráfica de los resultados. Fuente: Elaboración propia.

Anexo 5

Características de algunos de los softwares de simulación hidrológica más utilizados.

Tabla A5.1. Principales características de algunos de los softwares de simulación hidrológica más utilizados. Tomado de (Rodríguez 2011).

Tipo De Modelo Usado	Software	Acceso	Desarrollado por	Año de creado	Funciones
Agregado, Escala De Evento	SMADA	Libre	Universidad Central de la Florida, Colegio de Ingeniería	1996	Diseño hidrológico
Agregado, Escala De Evento	WinTR-55 ($Ac \leq 65km^2$)	Libre	Servicio de Conservación de Suelos de los E.U.	1975	Simulación y análisis de los procesos de precipitación y escorrentía
Agregado, Escala De Evento	WinTR-20 ($Ac > 65km^2$)	Libre	Centro de Ingeniería Hidrológica del Cuerpo de Ingenieros, Departamento del Ejército de los E.U.	1965	Genera hidrogramas de escurrimiento superficial en sub áreas a partir de precipitaciones de tormenta
Escala De Evento	HEC-1	Libre	Centro de Ingeniería Hidrológica del Cuerpo de Ingenieros, Departamento del Ejército de los E.U.	1985	Determinar los hidrogramas de creciente de la cuenca de un río
Evento Lineal Y Semidistribuido	HEC-HMS (Varias versiones, se trata ahora con la 3.5	Libre	Cuerpo de Ingenieros del Ejército de los E.U. (HEC)	2010	Estimar los hidrógrafos de salida en una cuenca o varias subcuencas
Evento, Semidistribuido	SWMM (Modelo de Gestión de Tormentas de Agua)	Libre	Agencia de Protección Ambiental de los E.U.	1969-71	Simula la precipitación, escorrentía, transporte y procesos de calidad de agua en cuencas urbanas y algunas cuencas no urbanas
Continuo	SSARR (Modelo de síntesis de la corriente de escurrimiento y regulación de reservorio)	Libre	Cuerpo de la Armada de la División del Pacífico Norte de Ingenieros	1956	Diseño hidrológico, predicción de volumen de escurrimiento a largo plazo, y predicción de flujo en tiempo real
Continuo, Conceptual, Agregado	SWM (Modelo de Cuenca Stanford) o WMS	Comercial	Universidad de Standford	Principio de los 60	Modelización de sistemas hidrológicos que permite la utilización desde él de programas tales como HEC-1, TR-20, y el método racional
Continuo, Conceptual, Agregado	Modelo Sacramento	Comercial	Servicio Meteorológico Nacional de los E.U. y el Departamento de Recursos Hídricos de California	1973	Diseño hidrológico, predicción de volumen de escurrimiento a largo plazo, y predicción de flujo en tiempo real

Anexo 6

Evento lluvioso del día 15 de abril de 2014 en el barrio Marçal.

Figura A6.1. Evento lluvioso del día 15 de abril de 2014 en el barrio Marçal. Fotos tomadas por el autor de esta tesis. Las acumulaciones de agua superan la capacidad de conducción de la vía.

Anexo 7

Transferencia por intercambio para preprocesamiento de datos hacia SWMM.

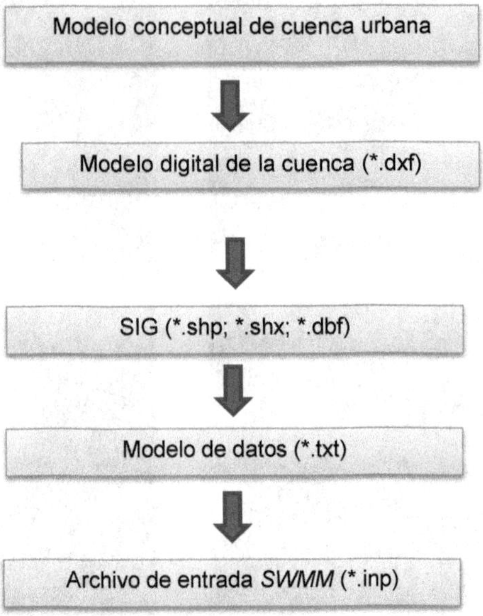

Figura A-7.1. Diagrama de transferencia por intercambio para preprocesamiento de datos hacia SWMM. Tomado de (Sánchez 2012a).

Anexo 8

Nueva versión de los lineamientos para la realización de estudios de peligro, vulnerabilidad y riesgos de desastres de inundación por intensas lluvias. Adaptado de (AMA-CITMA 2012).

Requerimientos generales

La metodología comprende tres etapas generales, que se describen en tres capítulos:

1. Cálculo del peligro
2. Cálculo de la vulnerabilidad
3. Cálculo del riesgo

Cálculo del Peligro

Se denomina ***peligro de desastre*** a un probable evento extraordinario o extremo, de origen natural o tecnológico, particularmente nocivo, que puede producirse en un momento y lugar determinado y que con una magnitud, intensidad, frecuencia y duración dada, puede afectar desfavorablemente la vida humana, la economía o las actividades de la sociedad al extremo de provocar un desastre.

Cuando se realiza el cálculo del peligro se está dando respuestas en términos probabilísticos a las preguntas:

¿Dónde va a ocurrir el evento?, ¿cuándo y cómo?

Para responder a la pregunta de dónde ocurrirá el evento, es necesario identificar el escenario de peligro, es decir los espacios del territorio, donde están creadas las condiciones naturales o inducidas, susceptibles a la ocurrencia de un fenómeno peligroso.

A la pregunta de cuándo se responde con la frecuencia de ocurrencia del evento o su periodo de recurrencia, cuantos eventos de una determinada intensidad pueden repetirse en un transcurso de tiempo

Y finalmente a la pregunta de cómo responden los valores de intensidad o severidad que se pudieran esperar de ocurrir el evento, para cada periodo de recurrencia o frecuencia y en cada lugar de los resaltados en el escenario de peligro.

Los criterios recomendados para evaluar la intensidad de las inundaciones son diferentes en dependencia del tipo de inundación. Para inundaciones estáticas se considera la profundidad o altura del flujo. Mientras que para inundaciones dinámicas se recomienda utilizar el producto de la velocidad por la profundidad del flujo.

Cálculo de la vulnerabilidad

Es la predisposición a sufrir pérdidas o daños, de los elementos bióticos o abióticos expuestos al impacto de un peligro de determinada severidad. Para el cálculo de la vulnerabilidad se requiere de la compilación de información sobre los bienes y la población expuestos al peligro. En este caso, es necesario el uso de mapas e información socioeconómica sobre la población, las viviendas, las instalaciones críticas y las líneas vitales, expuestas al peligro potencial.

En Angola, las fuentes principales de información pueden ser Instituto de Geodesia y Catastro de Angola (IGCA), Instituto Nacional de Meteorología (INAMET), Serviço Nacional de Protecção Civil, Ministério de Urbanismo e Ambiente, así como el Instituto Nacional de Estatísticas, entre otros. Se deben consultar también los estudios realizados con anterioridad en la región. Toda la información debe estar georreferenciada, para su futura expresión cartográfica. La salida de este estudio será por Sectores, Comunas, Municipios o Provincia para hacerlo corresponder con los niveles de gestión de riesgos.

La vulnerabilidad (V) se expresará desde el punto de vista matemático como un número acotado entre 0 y 1. Esto implica que un evento de determinada intensidad V tomará el valor 0 cuando los daños sean nulos y 1 cuando los daños sean totales.

Para facilitar los cálculos, se pueden expresar los indicadores de vulnerabilidad como números enteros, de manera que la máxima vulnerabilidad sume 100, en el peor caso y 0 cuando no existe vulnerabilidad y el resultado final, se debe dividir entre 100. Al dar los puntos al indicador independientemente de que la metodología pone 100, 50 y 0 % a modo de ejemplo, expresar los porcientos reales en todos los casos.

El nivel de vulnerabilidad existente de los elementos expuestos, condicionará la magnitud de las pérdidas al impactar un agente peligroso de una "intensidad" dada, el cual puede ocasionar una situación de desastre en un área determinada.

Cálculo del riesgo

Son las pérdidas esperadas, causadas por uno o varios peligros particulares que inciden simultánea o concatenadamente sobre uno o más elementos vulnerables en un tiempo, lugar y condiciones determinados. Constituye el elemento fundamental para la determinación de las recomendaciones dirigidas a la prevención de los desastres, además de las de preparación y enfrentamiento.

El riesgo específico puede representarse mediante una sencilla ecuación matemática:

$$R = P \cdot V \qquad \text{(A8.1)}$$

El riesgo específico total considerará además, la valoración económica de las pérdidas y se expresará según la siguiente fórmula:

$$R = \sum_{i=1}^{n} P_i \cdot V_i \qquad \text{(A8.2)}$$

donde: V_i = Vulnerabilidad de los bienes expuestos ante un peligro de intensidad i-ésima, P_i = Peligro de intensidad i-ésima, n = cantidad de intervalos de intensidades analizadas.

Debe tenerse en cuenta que en la actualidad, para que ocurra un desastre de inundación por efecto de las lluvias, no es necesaria la ocurrencia de un evento extremo, debido a las altas vulnerabilidades existentes en la mayoría de los territorios.

Descripción del fenómeno: tipología y formas de manifestación.

Las inundaciones se producen cuando lluvias intensas o continuas sobrepasan la capacidad de retención e infiltración del suelo, la capacidad máxima de transporte del río o arroyo es superada y el cauce principal se desborda e inunda los terrenos cercanos a los propios cursos de agua. Las inundaciones pueden clasificarse según su duración y mecanismo de generación.

Según su duración se clasifican en:

- **Inundaciones rápidas o dinámicas:** Suele producirse en ríos de montaña o en ríos cuyas cuencas vertientes presentan fuertes pendientes, por efecto de lluvias intensas. Las crecidas son repentinas y de corta duración. Son éstas las que suelen producir los mayores estragos en la población, sobre todo porque el tiempo de reacción es prácticamente nulo.

- **Inundaciones lentas o estáticas:** Se produce cuando lluvias persistentes y generalizadas, producen un aumento paulatino del caudal del río hasta superar su capacidad máxima de transporte. Entonces el río se sale de su cauce, inundando áreas planas cercanas al mismo. Las zonas que periódicamente suelen quedar inundadas se denominan llanuras o planos de inundación.

  Según su mecanismo de generación se clasifican en:

- **Inundaciones pluviales:** Es la que se produce por la acumulación de agua de lluvia en un determinado lugar o área geográfica (generalmente en zonas bajas) sin que ese fenómeno coincida necesariamente con el desbordamiento de un cauce fluvial. Este tipo de inundación se genera tras un régimen de precipitaciones intensas o persistentes, es decir, por la concentración de un elevado volumen de lluvia en un intervalo de tiempo muy breve o por la incidencia de una precipitación moderada y persistente durante un amplio período de tiempo sobre un suelo poco permeable.
- **Inundaciones fluviales o por desbordamientos de los ríos**: Son causadas por el desbordamiento de los ríos y los arroyos es atribuida al aumento brusco del volumen de agua más allá de lo que un lecho o cauce es capaz de transportar sin desbordarse, durante lo que se denomina como crecida. (Consecuencia de exceso de lluvias).
- **Inundaciones por rotura u operación incorrecta de obras de infraestructura hidráulica:** La rotura de una presa, por pequeña que ésta sea, puede llegar a causar una serie de estragos no sólo a la población sino también a sus bienes, a las infraestructuras y al medioambiente en general. La propagación de la onda de agua en ese caso resultará tanto más dañina cuanto

mayor sea el caudal circulante, menor sea el tiempo de propagación y más importante sean los elementos existentes en la zona de afectación.

A veces, la obstrucción de cauces naturales o artificiales (obturación de tuberías o cauces soterrados) debida a la acumulación de troncos y sedimentos, también provoca desbordamientos. En ocasiones, los propios puentes suelen retener los flotantes que arrastra el río, obstaculizando el paso del agua y agravando el problema.

Cálculo del peligro de inundación por intensas lluvias

El cálculo del peligro se realizará utilizando la modelación, simulando la inundación de la cuenca hidrográfica para determinadas condiciones de tormenta. Para ello se utilizará el modelo hidrodinámico 2D IBER y/o el modelo SWMM, que son del dominio público. La interacción con el Sistema de Información Geográfica (ArcView – ArcGIS) se realizará a partir de la exportación de ficheros tipo raster desde IBER.

Cálculo de vulnerabilidad

Determinación de la vulnerabilidad estructural total V_{et}

Esta se determina a partir de la suma de la vulnerabilidad estructural de las viviendas V_{ev} y la vulnerabilidad por exposición de las instalaciones críticas V_{eic} del sector analizado, o sea:

$$V_{et} = V_{ev} + V_{eic} \tag{A8.3}$$

Cálculo de la vulnerabilidad estructural de la vivienda Vev

La vulnerabilidad estructural se calculará de acuerdo a la siguiente fórmula:

$$V_{ev} = D_{cn} + F_u \tag{A8.4}$$

donde: Dc_n = factor de daño a la construcción, el cual depende del estado y la tipología de la vivienda y se expresa según la ecuación:

$$D_{cn} = \sum_{i=1}^{n} f_i \cdot p_{ij} + AET \quad \text{(A8.5)}$$

donde: Dc_n = daño potencial que pueden sufrir las construcciones de una determinada tipología, ante un evento de una determinada intensidad en un sector *n*, f_i= fracción de las viviendas o instalaciones de tipología i-ésima dentro de un sector, p_{ji}= valor que expresa un peso de potencialidad de daño que puede sufrir la instalación de tipología i-ésima, debido a la afectación de un evento de intensidad j-ésima y AET= afectación debida al estado técnico de la construcción, considerando el estado técnico predominante en el sector analizado.

Para evaluar los daños a que están expuestas las construcciones, se debe distinguir un factor f, que exprese, la fracción o el por ciento de construcciones pertenecientes a una tipología determinada, del total de construcciones de un sector. Por ejemplo, si en el consejo existe un total de 1200 construcciones y de ellas 700 son de tipología I, entonces f_1= 700/1200= 0,58 o lo que es lo mismo el 58% de las viviendas del sector analizado son de tipología I.

El valor de p_{ji} depende de la intensidad de la inundación. Los umbrales entre los niveles de intensidad alta, media y baja, han sido definidos considerando la peligrosidad que una determinada columna de agua puede significar para la infraestructura o las viviendas y la vida de los pobladores. En la siguiente tabla se presentan los rangos definidos para cada nivel de intensidad para inundaciones.

Tabla A8.1. Rangos establecidos para cada intensidad de inundaciones.

Niveles de intensidad	**Inundaciones estáticas**	**Inundaciones dinámicas**
	H (m)	**H·V (m^2/s)**
Alto	> 1.0	> 1.5
Medio	0.5 <H < 1.0	0.5 <H·V< 1.5
Bajo	0.25 < H < 0.5	H·V< 0.5 H > 0.25 m

H = profundidad del flujo, V = velocidad media de circulación

Las inundaciones de alta intensidad corresponden a aquellas que presentan profundidades de flujo mayores a 1.0 m o el producto H·V es mayor a 1.5 m^2/s. Los daños causados por una inundación de alta intensidad generalmente son altos en pérdidas de vidas y para la economía.

Las inundaciones de media intensidad son aquellas con altura de agua entre 0.5 y 1.0 m o el producto H·V esté entre 0.5 y 1.5m^2/s. Los daños económicos y a la población son menores que en el caso de la inundación intensa, pero no despreciables.

Las inundaciones de baja intensidad corresponden a aquellas con profundidad del flujo superior a 0.25m pero inferiores a los 0.5m, o H·V menor a 0.5 m^2/s. Los daños asociados son generalmente leves, no se esperan pérdidas en vidas humanas, aunque sí pueden darse pérdidas en áreas de cultivo y animales.

Tabla A8.2. Relación entre la tipología constructiva y la lámina de lluvia para inundaciones estáticas.

H (m)	I	II	III	IV	V
H > 1.0	0	0	0	2	4
0.5 < H < 1.0	0	0	2	4	6
0.25 < H < 0.5	0	2	4	6	8

Tabla A8.3. Relación entre la tipología constructiva y la lámina de lluvia para inundaciones dinámicas.

H·V (m^2/s)	I	II	III	IV	V
> 1.5	0	0	0	2	4
0.5 <H·V< 1.5	0	0	2	4	6
H·V< 0.5 H > 0.25 m	0	2	4	6	8

Para evaluar **AET**

AET=0 si el estado predominante en el sector es bueno

AET=2 si el estado predominante en el sector es regular

AET=4 si el estado predominante en el sector es malo

De esta forma el máximo valor a alcanzar por el factor de daño D_{cn} es de 12 puntos, 8 por la tipología y 4 por el estado técnico.

Tabla A8.4. Factores de ubicación (puntuación máxima **8** puntos).

Indicador	**Valor asignado**
Construcciones ubicadas en cauces o primera llanura de inundación de ríos o lagos.	1,5
Construcciones cercanas a ríos con cauces poco profundos y extensas llanuras de inundación.	1
Construcciones en zonas bajas urbanizadas y con deficiente drenaje pluvial.	1
Construcciones en zonas bajas y de difícil drenaje pluvial en zonas rurales o semirurales.	1
Construcciones aguas abajo de embalses o presas.	1
Construcciones en zonas al pie de elevaciones	1
Asentamientos costeros cercanos a la desembocadura del río, aguas abajo de las presas, o próximo a zonas montañosas.	0,5
Construcciones próximas a ríos sin franja hidroreguladora	0,5
Construcciones muy próximas a ríos en zonas montañosas	0,5

Determinación de la Vulnerabilidad por exposición

De las instalaciones críticas se considerará si alguna de las instalaciones está expuesta en áreas de inundación. De acuerdo a la tabla No.5 la puntuación máxima es de 4 puntos, en caso de que alguna de las instalaciones coincida con alguno de los factores de ubicación de las tablas No. 2 o No. 3, se suma 1 punto, llegando a ser el máximo valor de la vulnerabilidad de las instalaciones críticas expuestas de 5 puntos.

Se consideran como instalaciones críticas:

- Las instalaciones de salud, entre ellas la de atención primaria, es decir policlínicos atención secundaria u hospitales y de atención terciaria o sea los institutos y centros de investigación.
- Instalaciones de educación como círculos infantiles, escuelas primarias, secundarias y pre universitarios institutos, universidades y tecnológicos.
- Instalaciones que reúnen gran cantidad de personas como estadios, teatros y e iglesias.
- Instalaciones para el enfrentamiento como gobiernos, Protección Civil, entre otros.

La puntuación se dará en dependencia del tipo y cantidad de instalaciones y de la coincidencia con alguno de los factores de ubicación.

Tabla A8.5. Instalaciones críticas expuestas al peligro.

Instalación expuesta al peligro	**Valor asignado**
Policlínicos	0,5
Hospitales	1
Institutos y Centros de Investigación	0,2
Círculos Infantiles o Escuelas primarias	0,2
Escuelas secundarias, pre universitarios o tecnológicos	0,2
Universidades e Institutos superiores	0,2
Iglesias, Estadios, Teatros	0,2
Gobierno y Protección Civil	0,5
Bomberos, Cruz Roja, Policía	0,5
Instalaciones que generen riesgo tecnológico (ejemplo refinería, instalaciones con sustancias peligrosas, etc.)	1

De esta forma la vulnerabilidad estructural total V_{et} suma un peso de 30 (25 de la V_{ev} y 5 de la V_{eic}).

Cálculo de la vulnerabilidad no estructural.

Para evaluar la vulnerabilidad no estructural V_{ne}, que puede alcanzar un valor máximo de 10 puntos se tendrán en consideración los siguientes indicadores de exposición:

Tabla A8.6. Clasificación de los puntajes según los indicadores de exposición.

Indicador	Valor asignado
Viales dañados u obstruidos. Se valora qué porciento de las carreteras del área afectada están dañadas u obstruidas, según el orden de las carreteras para determinar la magnitud de la afectación a escala nacional, provincial, municipal o de zona de defensa.	5
Redes eléctricas (líneas, postes y subestaciones)	3
Red de abastecimiento de agua	2
Red de alcantarillado	
Otras líneas vitales dañadas (gas, comunicaciones)	

Tabla A8.7. Infraestructura del transporte, se especifica orden de la carretera o si es una línea férrea.

Tipo de vial	Porciento de afectación	Valor asignado
Carretera	100 % afectadas	5
	50 % afectadas	3
	0% afectadas	0
Líneas Férreas	100 % afectadas	2
	50 % afectadas	1,5
	0% afectadas	0

Tabla A8.8. Se valoran las redes eléctricas soterradas, o la posible afectación de las aéreas debido a la socavación de los postes.

Indicador (% afectadas)	Valor asignado
100	3
50	1,5
0	0

Tabla A8.9. Otras líneas vitales dañadas: Se considera también de existir las posibles afectaciones a conductos del gas o las redes de comunicaciones.

Indicador (% afectadas)	Valor asignado
100	2
50	1
0	0

Cálculo de la vulnerabilidad funcional

Para evaluar la vulnerabilidad funcional V_f que en el peor de los casos hace un total de 10 puntos se sumarán los elementos preparativos de respuesta siguientes:

Tabla A8.10. Clasificación de los puntajes según los elementos preparativos de respuesta.

Indicador	Valor asignado
Disponibilidad de grupos electrógenos de emergencia. Considerar estado y ubicación de los mismos. Identificar también objetivos que necesitan grupos electrógenos para la funcionalidad del consejo popular y no los tienen aún.	1
Preparación del sistema salud para caso de desastres, disponibilidad de personal médico, kit de medicamentos y locales para la atención médica de emergencia.	1
Capacidad de transportar y albergar a los evacuados, estado de los albergues, certificación.	1
Nivel de acceso a zonas aisladas	1
Reserva de suministros básicos (agua, alimentos, combustible) Considerar la ubicación de los centros de elaboración y de reservas en general.	1
Existencia de viales que se convierten en parte aguas y obstaculizan el escurrimiento al no existir las obras de fábrica suficiente.	1
Porciento de la red de drenaje pluvial y alcantarillado del área afectada, que se encuentra obstruida, dañada o no existe.	1
Obras de fábricas y puentes que no tienen la capacidad para asimilar volúmenes de agua en eventos extremos.	1
Estado de los canales de riego y de desagüe.	1
Condiciones deficientes de embalses, micro embalses y tranques que pudieran colapsar con las intensas lluvias.	1

Para evaluar la vulnerabilidad del menaje (V_{men}), representando éste el promedio de menaje de las viviendas del sector que se pudiera perder con la inundación, dependiendo de la altura que alcance el agua en la inundación (puntuación máxima de **5**). En función del nivel de afectación que pueden sufrir estos elementos se evaluarán, los puntos y se procederá igual que en los casos anteriores, colocándolos en una tabla de Excel, para la suma total.

Tabla A8.11. Disponibilidad de los grupos electrógenos de emergencia.

Indicador (% de disponibilidad)	Valor asignado
0	1
50	0,5
100	0

Tabla A8.12. Preparación del sistema de salud para caso de desastre.

Indicador (%preparado)	Valor asignado
0	1
50	0,5
100	0

Tabla A8.13 Capacidad de albergamiento de evacuados.

Indicador (% albergados)	Valor asignado
0	1
50	0,5
100	0

Tabla A8.14. Acceso a zonas aisladas.

Indicador (% de acceso)	Valor asignado
0	1
50	0,5
100	0

Tabla A8.15. Reserva de suministros básicos (agua, alimentos, combustible).

Indicador (% de reserva)	Valor asignado
0	1
50	0,5
100	0

Tabla A8.16. Existencia de viales que se convierten en parte aguas y obstaculizan el escurrimiento al no existir las obras de fábrica suficiente.

Indicador (% de existencia)	Valor asignado
100	1
50	0,5
0	0

Tabla A8.17. Porciento de la red de drenaje pluvial y alcantarillado del área afectada, que se encuentra obstruida, dañada o no existe.

Indicador (% obstruido, dañado o inexistente)	Valor asignado
100	1
50	0,5
0	0

Tabla A8.18. Obras de alcantarillado de carreteras y líneas férreas sobre arroyos y barrancos que no tienen la capacidad y las obras laterales de protección necesaria, para asimilar volúmenes de agua en eventos extremos.

Indicador (% existencia)	Valor asignado
100	1
50	0,5
0	0

Tabla A8.19. Estado de los canales de riego y de desagüe.

Indicador (% obstruido)	Valor asignado
100	1
50	0,5
0	0

Cálculo de la vulnerabilidad social

Para evaluar la vulnerabilidad social (**V_s**) se sumarán los factores sociales siguientes:

Tabla A8.20. Clasificación de los puntajes según los factores sociales Puntaje máximo 10 puntos.

Indicador	Valor asignado
Afectación a la población (densidad de población expuesta)	5
Percepción del riesgo por la población y los decisores	1
Presencia de barrios precarios	1
Divulgación y socialización de los resultados de los estudios de peligro, vulnerabilidad y riesgo del territorio.	2
Realización de ejercicios, simulacros de desastres y aplicación de sus experiencias.	1
Preparación de la población y los decisores.	2
Presencia de desechos sólidos en las calles	2
Porciento de población mayor de 60 o menor de 10 años	1

Vulnerabilidad Social (Peso total 20)

Debe definirse primeramente el porcentaje de población afectada, a partir de la siguiente expresión:

$$AP = \frac{Población\ afectada}{Población\ total\ del\ sector\ analizado} \quad \text{(A8.6)}$$

Tabla A8.21. Afectación a la población.

AP	Valor asignado
< 0.25	0
0.26 – 0.5	2
0.51 – 0.75	5
0.75 – 0.9	7
1.0	10

Tabla A8.22. Percepción del riesgo por la población.

Indicador	Valor asignado
Baja	3
Media	1,5
Alta	0

Tabla A8.23. Preparación de la población.

Indicador (% preparados)	Valor asignado
0	3
50	1,5
100	0

Tabla A8.24. Presencia de barrios precarios.

Indicador (% barrios precarios)	Valor asignado
0	0
50	1
100	2

Tabla A8.25. Presencia de desechos sólidos en las calles.

Indicador (% presencia de desechos)	Valor asignado
0	0
50	1
100	2

Vulnerabilidad organizacional (valor máximo 5 puntos)

Para evaluar esta vulnerabilidad se considerarán los indicadores de la Tabla No. A8.26

Tabla A8.26. Indicadores de vulnerabilidad organizacional.

Indicador	Valor asignado
No existencia de gestión de riesgo de desastre	1
No definición de una alternativa que garantice una forma, de que los gobiernos dispongan de toda la información en provincia y municipios para la toma de decisión ante eventos peligrosos.	1
Falta de objetividad y calidad en los planes de reducción de desastres de los territorios, sin incluir los resultados y recomendaciones de los estudios de peligro, vulnerabilidad y riesgo concluidos.	1,5
Insuficiencia o ausencia de sistema de alerta temprana en la provincia.	1,5

Vulnerabilidad Institucional (valor máximo 5 puntos)

Tabla A8.27. Indicadores de vulnerabilidad institucional.

Indicador	Valor asignado
Deficiencias en el trabajo de instituciones que pueden generar vulnerabilidades.	2,5
No existencia de grupos multidisciplinarios de expertos que permitan tomar las mejores decisiones y valorar los avances y retrocesos de la gestión de riesgos.	2,5

Vulnerabilidad Ecológica (valor máximo 10 puntos)

Los indicadores a evaluar son los siguientes:

- Zonas ecológicamente sensibles (ZES) que pueden sufrir afectación.
- Áreas protegidas (AP) que pueden sufrir afectación.
- Áreas de biodiversidad en espacios naturales y agroproductivos (ABd) que pueden sufrir afectación.
- Deficiente cobertura boscosa en lugares necesarios.
- Ausencia de franja hidrorreguladora en los ríos.
- Pérdida del cauce de los ríos por erosión o acumulación de sedimentos.
- Evidencias de alteraciones a la red de drenaje pluvial natural.

Tabla A8.28. Ecosistemas frágiles o zonas ecológicamente sensibles.

Indicador (% dañados)	Valor asignado
0% dañados	0
50 % dañados	0,5
100 % dañados	2

Tabla A8.29. Áreas Protegidas.

Indicador (% dañadas)	Valor asignado
0	0
50	0,5
100	2

Tabla A8.30 Áreas de biodiversidad en espacios naturales y agroproductivos (ABd) que pueden sufrir afectación.

Indicador (% dañadas)	**Valor asignado**
0	0
50	0,5
100	2

Tabla A8.31. Ausencia de franja hidrorreguladora en los ríos.

Indicador (% existencia)	**Valor asignado**
0	0
50	0,5
100	2

Tabla A8.32. Deficiente cobertura boscosa en lugares necesarios.

Indicador (% existencia)	**Valor asignado**
0	0
50	0,5
100	1

Tabla A8.33. Pérdida del cauce de los ríos por erosión o acumulación de sedimentos.

Indicador (% existencia)	**Valor asignado**
0	0
50	0,5
100	1

Vulnerabilidad Económica (valor máximo 20)

En la vulnerabilidad económica estarán refrendadas todas las posibles pérdidas económicas (viviendas, viales, puentes, líneas eléctricas, agricultura, industria, turismo). Las pérdidas de vivienda en base a lo que da la vulnerabilidad estructural (cuando la vulnerabilidad estructural de la vivienda de alta). Los viales, cuando en la vulnerabilidad no estructural el indicador de viales tenga el valor máximo.

Las redes en base a lo que da la vulnerabilidad no estructural (cuando el indicador de redes tenga el valor máximo). O sea que todas las pérdidas tendrán una repercusión en la vulnerabilidad económica. Se incluyen además los indicadores de presupuesto de reducción de vulnerabilidades y si está contabilizado o no el costo de la respuesta.

Tabla A8.34. Indicadores de vulnerabilidad económica.

Indicador	Valor asignado
Nivel de ejecución del presupuesto de reducción	2
Contabilizado el costo de la respuesta	2
Zonas industriales en áreas de riesgo	2
Áreas cultivadas en zona de riesgo	2
Animales en zona de riesgo	2
Instalaciones turísticas en áreas de riesgo	2
Almacenes de alimentos, materiales de construcción y electrodomésticos.	2
Pérdidas económicas esperadas por afectación a la vivienda	2
Pérdidas económicas esperadas por afectación a viales	2
Pérdidas económicas esperadas por afectación a redes eléctricas	2
Pérdidas económicas esperadas por afectación a redes de comunicación.	2

Cálculo de la vulnerabilidad total

La vulnerabilidad total a las inundaciones por consejos populares será igual a la suma de las ocho vulnerabilidades evaluadas para la misma intensidad del peligro.

Rangos de vulnerabilidad

Vulnerabilidad Baja: menor de 33

Vulnerabilidad Media: 33 – 67

Vulnerabilidad Alta: 67 – 100

Si se divide entre 100 para acotar el valor entre 0 y 1, entonces la evaluación será:

Tabla A8.35. Rangos de clasificación de la vulnerabilidad.

Clasificación de la vulnerabilidad	Intervalo
Baja	0 – 0.33
Media	0.33 – 0.67
Alta	0.67 – 1.0

Evaluación del riesgo

El riesgo total se evalúa a partir de la convolución del peligro (P) de que ocurra un evento potencialmente dañino por la vulnerabilidad (V) y por el costo de los bienes expuestos.

En el caso de no estar disponible el costo de los diferentes bienes expuestos, se puede calcular el riesgo específico total acorde con la ecuación (A8.2).

Para los cálculos y la cartografía del riesgo se utiliza la siguiente tabla georreferenciada, las áreas inundadas en el consejo popular. Resultando la clasificación del riesgo según los siguientes intervalos: (Riesgo Bajo 0,00 – 0,33; Riesgo Medio 0,34 – 0,66; Riesgo Alto 0,67 – 1,00)

Anexo 9

Georreferenciación de imágenes con Global Mapper.

Georreferenciación de imágenes raster. Problemas generales.

Las imágenes raster, matriciales o de barrido son imágenes formadas por matrices de celdas o píxeles. Los formatos de archivos de imágenes más comunes son el .JPG, .BMP, TIF, .GIF, etc., sin embargo, en el mundo de los datos geoespaciales existen otros muchos formatos específicos de imágenes raster, como son el .BIL, .BSQ, .BIP, .RAW y otros muchos, usados sobre todo para almacenar datos de fuentes de Teledetección (Burrough and McDonnell 1998), (Blue_Marble_Geographics 2011).

En el mundo de los datos espaciales, las imágenes raster se pueden obtener de diversas fuentes. Una de estas fuentes, entre las más comunes, son las imágenes de mapas de papel que han sido escaneados. Como resultado del escaneo, las imágenes suelen contener errores en las escalas, por contracciones o dilataciones del papel, o simplemente, pueden salir rotadas del escáner, tal como ocurre en la Figura A9.1. Este tipo de dato espacial, para ser incorporado a un sistema de procesamiento o de información debe estar corregido geométricamente, para que la malla esté orientada correctamente en las direcciones Norte – Sur y Este – Oeste, y debidamente georreferenciada, para que cada uno de sus píxeles se encuentre en la posición correcta y se tengan las coordenadas que le corresponden en el terreno.

El proceso de Georreferenciación de una imagen raster no es difícil, pero para realizarlo se debe contar con los siguientes recursos:

- El archivo de la imagen raster, en alguno de los formatos estándar, y que contenga una cantidad adecuada de puntos identificables en el terreno (llamados puntos de control), cuyas coordenadas sean conocidas de antemano o en caso contrario, puedan determinarse de alguna forma en el terreno;

- Un programa que realice el proceso de remuestreo y georreferenciación de la imagen (Global Mapper es uno de esos programas), y que sea capaz de leer el formato en que se encuentra la imagen;
- Una tabla con las coordenadas de los puntos de control en dos sistemas de coordenadas: en el sistema de coordenadas de origen de la imagen (fila y columna del pixel en la imagen) y en el sistema de coordenadas de destino ((X, Y) sobre el terreno). En la imagen de la Figura A9.1 los puntos de control escogidos son los puntos sobre la malla de coordenadas que se encuentran más próximos a las esquinas de la imagen. Dichos puntos sobre el "terreno" deben tener las coordenadas 338000.0; 464000.0 (Punto #1, próximo a la esquina superior izquierda), 344000.0; 464000.0 (Punto #2, próximo a la esquina superior derecha), 338000.0; 456000.0 (Punto #3, próximo a la esquina inferior izquierda) y 344000.0; 456000.0 (Punto #4, próximo a la esquina inferior derecha).

Al final del proceso de remuestreo y georreferenciación se obtiene una imagen corregida geométricamente y georreferenciada, en un formato de imagen raster estándar, y un archivo de texto auxiliar, que recibe el nombre de archivo ***world*** (mundo, en inglés) que contiene la información de la georreferenciación. Toda imagen georreferenciada tiene un formato multiarchivo: el archivo de la imagen y el archivo world correspondiente. Ambos archivos (la imagen y su archivo world) comparten el mismo nombre, pero la extensión del archivo world es una modificación de la extensión de la imagen raster, que se construye de la siguiente manera: se toman la primera y la última letra de la extensión, y se les agrega al final la letra W. Por ejemplo, para una imagen .BMP, el archivo world tendrá la extensión .BPW; para una imagen .TIF, el archivo world tendrá la extensión .TFW; para una imagen .JPG, el archivo world tendrá la extensión .JGW. La creación de los archivos world siempre corre a cargo del programa que hace la georreferenciación. Esta explicación se hace para que el lector sepa que una imagen georreferenciada está formada siempre por dos archivos. Si una imagen no está acompañada de su archivo world, o si el archivo world acompañante contiene datos incorrectos o tiene un nombre incorrecto, entonces cualquier programa que intente leer la imagen, considerará que no está georreferenciada.

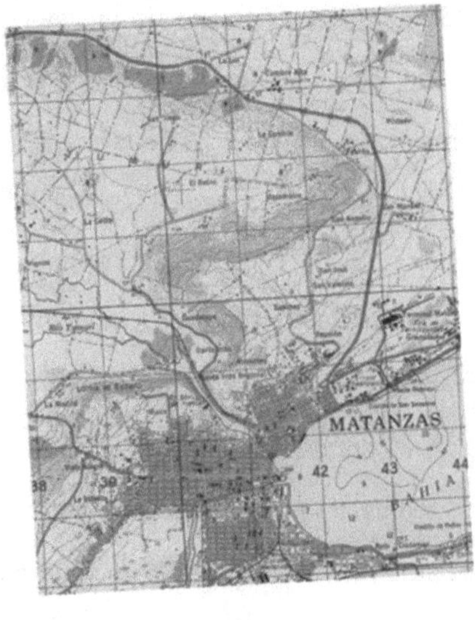

Figura A9.1. Imagen resultante del escaneo de un mapa topográfico. Observe la evidente rotación de la imagen.

Georreferenciación de imágenes raster en Global Mapper.

Para iniciar el proceso de georreferenciación de una imagen en Global Mapper, lo primero que se debe hacer es cargar la imagen sin georreferenciar, (esto es, cargar una imagen que no tenga su correspondiente archivo world). Cuando esto ocurre, Global Mapper despliega una pregunta, tal como aparece en la Figura

A9.2. El usuario debe responderle al programa si desea rectificar (o georreferenciar) manualmente la imagen (YES), crear unas coordenadas falsas para permitir la visualización (NO) o abortar la visualización (CANCEL). La respuesta YES se debe dar sólo cuando se disponga del conocimiento de los puntos de control en la imagen y sus coordenadas sobre el terreno. En otro caso, la respuesta NO permite visualizar la imagen con ciertas coordenadas falsas atribuidas por el programa a la imagen.

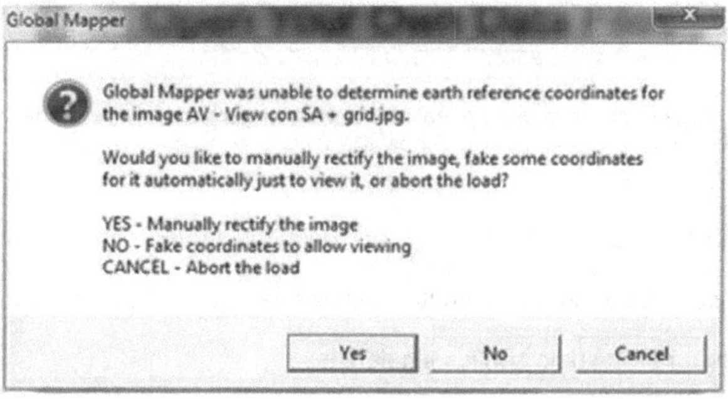

Figura A9.2. Caja de diálogo para decidir el tratamiento que se le dará en Global Mapper a una imagen sin georreferenciar. La respuesta YES activa el camino de la georreferenciación.

A la respuesta YES, el programa despliega la ventana que aparece en la Figura A9.3, con la siguiente Nota explicativa (Tip): "Para rectificar una imagen, haga zoom en la Vista Ampliada (Zoomed View) de la imagen arrastrando los rectángulos y haga clic sobre la ubicación de un punto de control y de entrada a sus coordenadas. Repita el proceso para la cantidad deseada de puntos de control sobre el terreno (GCP, Ground Control Points) y luego haga clic en el botón OK para completar la rectificación (y georreferenciación) de la imagen. Más adelante se abre la ventana de trabajo que aparece en la Figura A9.4 para introducir los datos necesarios para la corrección geométrica y la georreferenciación de la imagen.

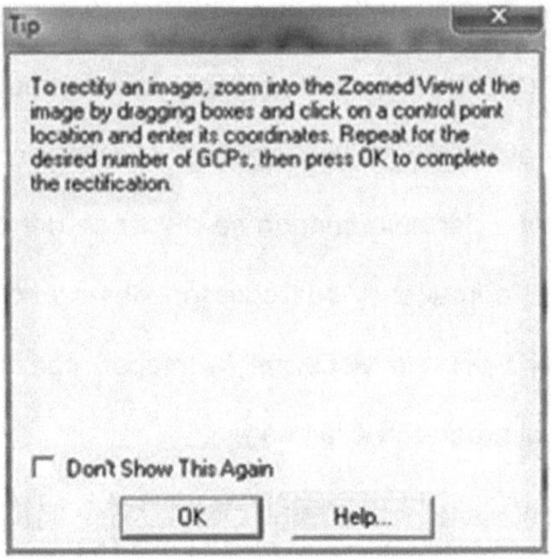

Figura A9.3. Nota explicativa del procedimiento para la georreferenciación de imágenes en Global Mapper.

La ventana de la Figura A9.4 contiene una barra de menú, con las opciones File y Options, seis paneles de trabajo y cuatro botones generales. Los paneles, de izquierda a derecha y de arriba a abajo son los siguientes:

- Entire Image (Imagen completa);
- Zoomed View (Imagen ampliada);
- Reference Images (Imágenes de referencia);
- Ground Control Point (GCP) Entry (Entrada de Puntos de Control en el terreno);
- Ground Control Point (GCP) Projection (Proyección de los Puntos de Control en el terreno);
- Ground Control Points (Listado de Puntos de Control en el terreno).

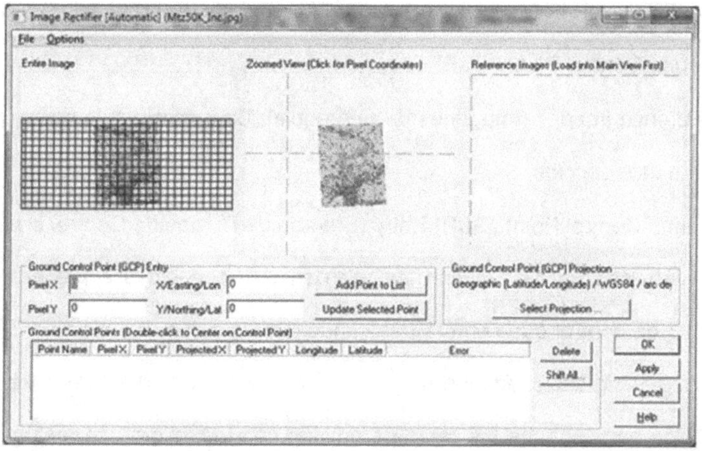

Figura A9.4. Ventana para introducir los datos necesarios para la corrección geométrica y la georreferenciación de una imagen.

A continuación se explica el uso de las herramientas principales de cada uno de los paneles listados anteriormente:

- Entire Image (Imagen completa). Aquí se muestra la imagen completa que se ha cargado en el programa. El cursos tiene la forma de una lupa, y cuando se hace clic y sin soltar el botón izquierdo se arrastra el cursor en dirección diagonal, se abre un rectángulo; el segmento de imagen que está bajo el rectángulo aparecerá en la sección Zoomed View.
- Zoomed View (Imagen ampliada): Al trabajar sobre la imagen ampliada se pueden localizar con mayor precisión los puntos de control. La forma del cursor en esta sección es la de una mirilla con dos hilos perpendiculares. Al hacer clic sobre la posición de un punto de control identificado en la imagen, se coloca un punto rojo un punto rojo en la posición donde se cruzan los hilos del cursor. Simultáneamente, aparecen los valores de las coordenadas Pixel X (X del

Pixel) y Pixel Y (Y del Pixel) del punto rojo recién colocado en la sección Ground Control Point (GCP) Entry.

- Reference Images (Imágenes de referencia): En este ejemplo no se le va a dar uso a esta sección.
- Ground Control Point (GCP) Entry (Entrada de Puntos de Control en el terreno): En esta sección se colocan las coordenadas conocidas sobre el terreno del punto de control que se está trabajando, en las cajas de edición X/Easting/Lon y Y/Northing/Lat y también se pueden ajustar las coordenadas Pixel X y Pixel Y. Una vez llenadas las cajas de edición con los valores correctos, se puede incluir un nuevo punto de control en la lista de la sección Ground Control Points con el botón Add Point to List (Agregar Punto a la Lista). Al incluir un nuevo punto a la lista, se le puede dar un nombre que lo identifique del resto. Cuando se estén editando los datos de un punto de control que ya aparezca en la lista de la sección Ground Control Points, entonces se podrán actualizar los datos de la lista con el botón Update Selected Point (Actualizar el Punto Seleccionado). Los puntos de control que ya se han incluido en la tabla de la sección Ground Control Points se marcan como cruces rojas en las imágenes de las secciones Entire Image y Zoomed Image, y en esta última se le identifica también con su nombre.
    - Ground Control Point (GCP) Projection (Proyección de los Puntos de Control en el terreno): En esta sección hay un botón que da acceso a la caja de diálogo para seleccionar la proyección deseada para los puntos de control. En esta caja de diálogo se pueden teclear directamente los datos del sistema de coordenadas y su datum, o se pueden cargar de un archivo de proyección .PRJ, o se pueden cargar los datos a partir de un código de

una base de datos mundial, llamada EPSG, o se pueden salvar los datos en un archivo .PRJ. Los datos de esta caja de diálogo se emplean en el proceso de rectificación de la imagen, pues la imagen rectificada y georreferenciada va a quedar referida a esta proyección seleccionada.

- Ground Control Points (Listado de Puntos de Control en el terreno): En esta tabla se reflejan los datos de todos los puntos de control que se van a considerar en el proceso de rectificación de la imagen. La tabla tiene los siguientes campos: Point Name (Nombre del Punto), Pixel X, Pixel Y, Projected X (Coordenada X Proyectada), Projected Y (Coordenada Y Proyectada), Longitude, Latitude y Error. La columna Error es la referencia a la calidad de los resultados de la rectificación. Mientras menor sea el error, más calidad tendrá la georreferenciación. Las unidades del Error corresponden a las del sistema proyectado de destino. No todos los puntos tienen el mismo error. Se pueden excluir temporalmente algunos puntos de la lista, en general los que tienen asociados mayores errores, quitando la marca de activo en el cuadrito a la izquierda del nombre del punto. Al excluir un punto, se reevalúan los errores en los restantes puntos. Si se desea excluir definitivamente un punto, se selecciona y se oprime el botón Delete. Si se desean modificar las coordenadas de algún punto de la tabla, haga doble clic sobre el punto deseado; sus datos numéricos pasan a la sección Ground Control Point (GCP) Entry, y se muestra la posición del punto en la sección Zoomed View. De esta manera, se pueden hacer correcciones o ajustes tanto gráficamente como numéricamente. La lista se actualiza al hacer clic sobre el botón Update Selected Point. El propósito de los ajustes es reducir el nivel de los errores. Cuando se hayan obtenido valores de los errores menores que la resolución deseada para un pixel en la imagen rectificada, o cuando ya no sea posible reducir más los errores, se procede a realizar la rectificación de la imagen haciendo clic en el botón OK. El programa muestra una nueva Nota explicativa (Tip) que recuerda que "Usted puede modificar más tarde los puntos de control usados haciendo clic con el botón derecho sobre la capa de la imagen rectificada en el Centro de Control, y seleccionando la opción a 'Modify Layer Position / Projection (Re-Rectify)' ". Una vez aceptada la nota, se obtiene la imagen rectificada en la ventana de trabajo de Global Mapper.

La Figura A9.5 muestra la ventana del módulo de rectificación de la imagen que aparece en la Figura A9.1, con todas las opciones debidamente seleccionadas. Observe la tabla con las cuatro coordenadas de cada uno de los puntos de control y los valores nulos de los errores en el panel Ground Control Points. La Figura A9.6 muestra la imagen ya rectificada.

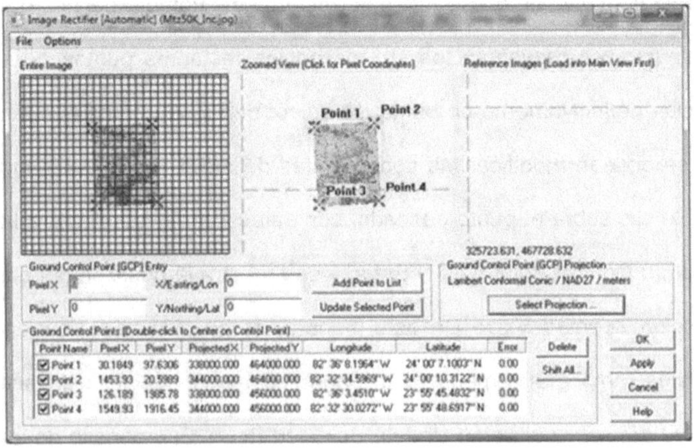

Figura A9.5. Ventana del módulo de rectificación de imagen, con todas las opciones que corresponden a la imagen de la Figura A9.1.

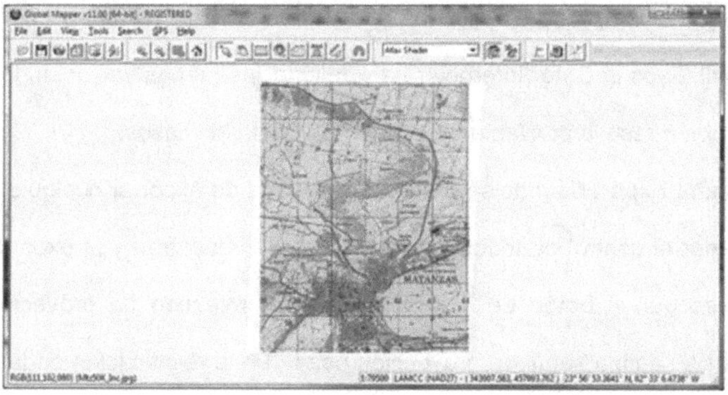

Figura A9.6. Imagen rectificada y corregida geométricamente en Global Mapper. Observe que la imagen ya no está rotada.

En la pestaña General, aparecen tres secciones: Sample Spacing (Espaciamiento del Muestreo), Image Quality / Size (Calidad / Tamaño de la Imagen) y la sección de cuadros de selección. En la sección Sample Spacing se podrá escoger el tamaño del pixel o lo que es lo mismo, la resolución espacial de la imagen, teniendo cuidado de que el tamaño del pixel en X sea siempre igual al tamaño del pixel en Y. Esto se asegura marcando la caja de selección Always Generate Square Pixels (generar siempre píxeles cuadrados). Esto tiene una importante consecuencia, relativa al valor de la resolución, pues al escoger los límites de la imagen exportada, estos límites deben contener una cantidad entera de píxeles, tanto en X como en Y, como se explicará en breve. Se recomienda siempre escoger un valor de resolución entero y mayor o igual que el valor propuesto por Global Mapper. La sección Image Quality / Size se explica por sí misma. Los cuadros de selección activan opciones de funcionamiento. Las más importantes en este ejemplo son: Generate World File (Generar el Archivo World), que resulta imprescindible para exportar la imagen georreferenciada, Generate Projection (PRJ) File (Generar el archivo de proyección (PRJ)), que en muchos casos resulta conveniente, e Interpolate to Fill Small Gaps in Data (Interpolar para rellenar pequeños vacíos en los datos), que también resulta conveniente en la mayoría de los casos.

La pestaña Export Bounds se debe revisar antes de exportar cualquier imagen. Para tener el control de todos los resultados del muestreo y la exportación, se debe escoger el botón de selección Global Projection (la proyección entre paréntesis cambia según la proyección usada en la rectificación de la imagen). Con este botón activo, se pueden seleccionar las coordenadas de los límites izquierdo (Oeste), superior (Norte), derecho (Este) e inferior (Sur) de la imagen rectificada que se desea exportar. Es aquí donde se tiene que tener cuidado, para que entre los límites Oeste y Este quepa una cantidad entera exacta de columnas de píxeles, lo mismo que entre los límites Norte y Sur deben caber una cantidad entera exacta de filas de píxeles. Por ejemplo, si la resolución escogida en la pestaña General es de 5 metros en X y 5 metros en Y (resolución del pixel igual a 5 metros), la diferencia entre los límites Oeste y Este debe ser un múltiplo de 5 metros, lo mismo que debe ocurrir con la diferencia entre los límites Sur y Norte. En el ejemplo de la Figura A9.7, la diferencia entre los límites Sur y Norte es de 464000.0 – 456000.0 = 8000 m, que equivalen a 1600 filas de píxeles de 5 m de resolución en Y, mientras que la diferencia entre los límites Este y Oeste es de 344000 – 338000.0 = 6000 m, que equivalen a 1200 columnas de píxeles de 5 m de resolución en X.

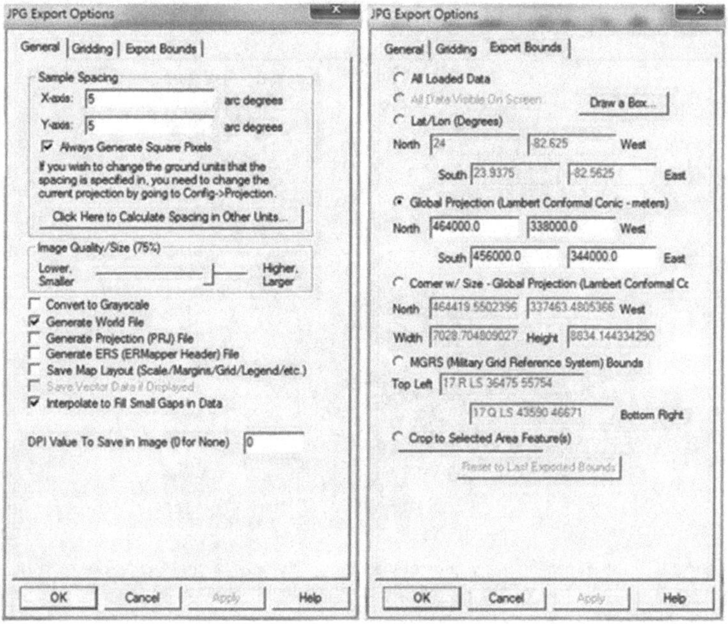

Figura A9.7. Cajas de diálogo de opciones de Export JPG. A la izquierda, la pestaña General. A la derecha, la pestaña Export Bounds (Límites de Exportación).

La imagen del archivo .JPG exportado se muestra en la Figura A9.8. Observe la malla orientada correctamente en las direcciones Norte – Sur y Este – Oeste. Los límites de esta imagen coinciden exactamente con las coordenadas de los cuatro puntos de control originales.

Figura A9.8. Imagen rectificada y georreferenciada. Observe la orientación correcta Norte – Sur y Este – Oeste de la malla de coordenadas.

El contenido del archivo .JGW correspondiente a la imagen georreferenciada (archivo world con los datos de la georreferenciación) es el siguiente:

5.00000000000000000

0.00000000000000000

0.00000000000000000

-5.00000000000000000

338002.50000000000000000

463997.50000000000000000

El significado de estos números es el siguiente:

La primera línea contiene el tamaño del pixel en X. El signo positivo (que no se pone) indica que la X crece hacia la derecha: 5;

La segunda y tercera líneas se destinan a indicar el ángulo de inclinación del pixel, pero esta opción está deshabilitada en la mayoría de los programas, por eso estas segunda y tercera líneas van a contener ceros, aunque se mantiene, quizás, para garantizar la compatibilidad en el futuro.

La cuarta línea contiene el tamaño del pixel en Y. El signo negativo indica que la Y decrece hacia abajo: –5;

La quinta línea indica la coordenada X del punto central del pixel superior izquierdo de la imagen: coordenada del margen izquierdo más la mitad de la resolución: 338000.0 + 5/2 = 338002.5

La sexta línea indica la coordenada Y del punto central del pixel superior izquierdo de la imagen: coordenada del margen superior menos la mitad de la resolución: 464000.0 – 5/2 = 463997.5

Con estos datos, cualquier programa que maneje imágenes raster georreferenciadas puede determinar las coordenadas de cualquier punto en la imagen.

Para concluir, es conveniente discutir algunas opciones del módulo de rectificación de imágenes que no han sido tratadas anteriormente. Las opciones del menú File se muestran en la Figura A9.9.

Las opciones del menú File corresponden a la carga de putos de control definidos previamente, la grabación de archivos con los puntos de control que aparecen actualmente en la tabla de la sección Ground Control Points, así como la carga de otros archivos para actividades específicas que no son de interés en este Anexo.

Las opciones del menú Options del módulo de rectificación de imágenes aparecen en la Figura A9.10. Las dos primeras opciones influyen en las matemáticas del proceso de rectificación; las siguientes siete opciones dan comodidad. El contenido de las nueve opciones es el siguiente:

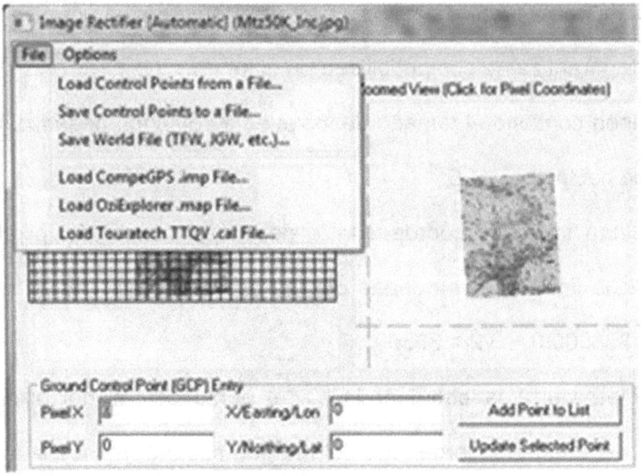

Figura A9.9. Opciones del menú File del módulo de rectificación de imágenes.

Rectification Method (Método de rectificación). Se dispone esencialmente de cinco métodos, que se diferencian en la precisión, ya que trabajan con diferentes cantidades de puntos de control (GCPs). En general, mientras más puntos de control se empleen, más precisión se alcanza y menores serán los errores. Los métodos disponibles son: Linear (trabaja con sólo 2 GCPs); Helmert (trabaja con 2 o más GCPs); Affine (trabaja con 3 o más GCPs); Polinomial (trabaja con 4 o más GCPs) y Triangulation (trabaja con 5 o más GCPs). La opción Automatic escoge aquel método que sea más preciso, según la cantidad de GCPs de que se disponga. Observe que con pocos puntos de control no se puede aspirar a utilizar un método de rectificación muy preciso.

Resampling Method (Método de remuestreo). Presenta dos opciones, entre las que se debe escoger una, dependiendo del tipo de imagen con que se trabaje: Nearest Neighbor (Vecino más cercano) se debe emplear en mapas y otras imágenes con colores preestablecidos, para que en la imagen resultante no se alteren los colores de la imagen original. Bilinear Interpolation (Interpolación bilineal) se debe utilizar en imágenes en tonos de grises o colores, ya que se basa en interpolaciones que crean nuevos valores (o colores) a partir de los valores (o colores) presentes en la imagen original.

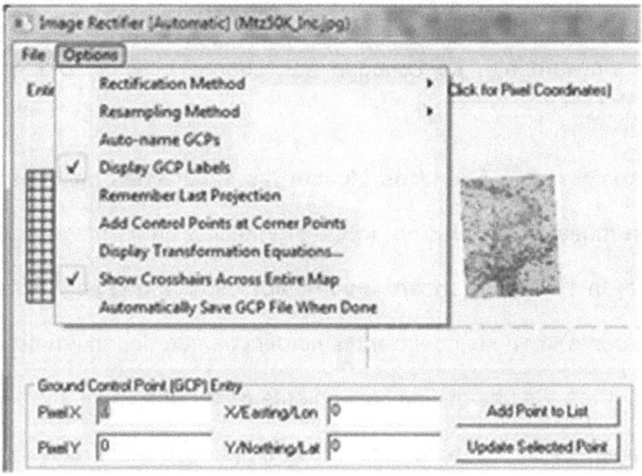

Figura A9.10. Opciones del menú Options del módulo de rectificación de imágenes.

El resto de las opciones son de selección y proporcionan comodidad y seguridad en el trabajo. Son ellas:

Auto-name GCPs: Auto-nombrar los puntos de control creados. Con esta opción activa se colocan nombres automáticamente a los nuevos puntos de control, sin intervención del usuario.

Display GCP Labels: Mostrar las etiquetas de los puntos de control. Con esta opción activa se muestran los nombres puntos de control en las ventanas gráficas Entire Image y Zoomed View. Remember Last Projection: Recordar la última proyección. Con esta opción activa, se recuerda la proyección seleccionada cuando se cierre el programa, y es con esta misma proyección que se comienza a trabajar la próxima vez que se abra el programa.

Add Control Points at Corner Points: Agregar puntos de control en las esquinas de la imagen. Con esta opción activa, el programa coloca cuatro puntos de control en las cuatro esquinas de la imagen. Naturalmente, el usuario debe conocer las coordenadas planas X, Y de estos cuatro puntos. De lo contrario, esta opción es inútil. Esta opción conviene cuando se trabaja con imágenes rectificadas previamente, se conocen sus coordenadas y sólo se necesita georreferenciarlas.

Display Transformation Equations Mostrar las ecuaciones de transformación. Esta opción muestra la ecuación de transformación de la imagen original a la rectificada (y la envía al clipboard o portapapeles para que se pueda pegar en algún documento), con los coeficientes numéricos que dependen de los puntos de control activos. Es una opción conveniente para trabajos de investigación.

Show Crosshairs Across Entire Map: Mostrar los hilos de la mirilla a través de todo el mapa. Con esta opción los hilos de la mirilla del cursor en la sección Zoomed Image se prolongan a través de todo el mapa. Automatically Save GCP File When Done: Salvar automáticamente el archivo de puntos de control en el terreno (GCP). Esta opción asegura salvar siempre un archivo con las cuatro coordenadas de cada uno de los puntos de control al momento de hacer clic en el botón OK.

Como conclusión, se puede afirmar que el programa Global Mapper es una excelente herramienta para manipular, analizar y hacer conversiones de formatos de datos espaciales.

Anexo 10

Resultado de la aplicación del método de los bloques alternos para la determinación de hietogramas sintéticos a partir de las curvas IFD para Luanda. Nota: P* es la precipitación acumulada, en (mm).

Tabla A10.1

t(h)	Tr = 2 años			
	I(mm/h)	P*(mm)	ΔP(mm)	P(mm)
0,5	59,01	29,51	29,51	6,45
1	43,50	43,50	13,99	6,81
1,5	36,39	54,59	11,09	7,26
2	32,07	64,13	9,54	7,81
2,5	29,07	72,67	8,54	29,51
3	26,83	80,48	7,81	13,99
3,5	25,07	87,73	7,26	11,09
4	23,64	94,55	6,81	9,54
4,5	22,44	100,99	6,45	8,54

Tabla A10.2

t(h)	Tr = 5 años			
	I(mm/h)	P*(mm)	ΔP(mm)	P(mm)
0,5	88,04	44,02	44,02	9,62
1	64,90	64,90	20,88	10,16
1,5	54,30	81,44	16,54	10,83
2	47,84	95,68	14,24	11,65
2,5	43,37	108,42	12,74	44,02
3	40,02	120,07	11,65	20,88
3,5	37,40	130,89	10,83	16,54
4	35,26	141,06	10,16	14,24
4,5	33,48	150,68	9,62	12,74

Tabla A.10.3

t(h)	Tr = 10 años			
	I(mm/h)	P*(mm)	ΔP(mm)	P(mm)
0,5	107,31	53,65	53,65	11,72
1	79,10	79,10	25,45	12,39
1,5	66,18	99,26	20,16	13,19
2	58,31	116,61	17,35	14,20
2,5	52,85	132,14	15,52	53,65
3	48,78	146,34	14,20	25,45
3,5	45,58	159,53	13,19	20,16
4	42,98	171,92	12,39	17,35
4,5	40,81	183,64	11,72	15,52

Tabla A10.4

t(h)	Tr = 20 años			
	I(mm/h)	P*(mm)	ΔP(mm)	P(mm)
0,5	126,85	63,42	63,42	15,21
1	95,07	95,07	31,65	16,03
1,5	80,32	120,47	25,40	17,01
2	71,26	142,51	22,04	18,24
2,5	64,94	162,35	19,84	63,42
3	60,20	180,59	18,24	31,65
3,5	56,46	197,60	17,01	25,40
4	53,41	213,63	16,03	22,04
4,5	50,85	228,84	15,21	19,84

Tabla A10.5

t(h)	Tr = 25 años			
	I(mm/h)	P*(mm)	ΔP(mm)	P(mm)
0,5	132,46	66,23	66,23	16,38
1	99,83	99,83	33,60	17,24
1,5	84,61	126,92	27,08	18,28
2	75,24	150,48	23,56	19,57
2,5	68,69	171,73	21,25	66,23
3	63,77	191,31	19,57	33,60
3,5	59,88	209,59	18,28	27,08
4	56,71	226,83	17,24	23,56
4,5	54,05	243,21	16,38	21,25

Tabla A10.5

t(h)	Tr = 50 años			
	I(mm/h)	P*(mm)	ΔP(mm)	P(mm)
0,5	151,31	75,65	75,65	19,44
1	114,83	114,83	39,18	20,43
1,5	97,72	146,58	31,75	21,63
2	87,15	174,29	27,72	23,13
2,5	79,74	199,35	25,06	75,65
3	74,16	222,48	23,13	39,18
3,5	69,75	244,11	21,63	31,75
4	66,14	264,54	20,43	27,72
4,5	63,11	283,98	19,44	25,06

Tabla A10.7

t(h)	Tr = 100 años			
	I(mm/h)	P*(mm)	ΔP(mm)	P(mm)
0,5	169,81	84,91	84,91	22,57
1	129,68	129,68	44,77	23,70
1,5	110,76	166,14	36,46	25,06
2	99,03	198,06	31,93	26,75
2,5	90,80	226,99	28,93	84,91
3	84,58	253,74	26,75	44,77
3,5	79,66	278,80	25,06	36,46
4	75,63	302,50	23,70	31,93
4,5	72,24	325,08	22,57	28,93

Tabla A10.8

Vertiente Norte								
t(s)	t(h)	2 años	5 años	10 años	20 años	25 años	50 años	100 años
0	0	0	0	0	0	0	0	0
1800	0,5	0,1837	0,3398	0,4585	0,6765	0,7546	0,9693	1,2031
3600	1	0,438	0,7515	0,9732	1,3525	1,4821	1,8275	2,1866
5400	1,5	0,6283	1,0169	1,28	1,7104	1,8539	2,233	2,6204
7200	2	0,7601	1,1876	1,4721	1,9256	2,0753	2,4727	2,8773
9000	2,5	2,4826	4,0651	5,171	6,3696	6,7209	7,8755	9,02
10800	3	1,8158	2,7312	3,323	4,0934	4,3354	5,0484	5,7596
12600	3,5	1,419	2,087	2,5173	3,1196	3,3129	3,8881	4,4701
14400	4	1,1856	1,7375	2,0957	2,6228	2,7937	3,2795	3,7962
16200	4,5	1,0363	1,5208	1,8371	2,3187	2,4763	2,9098	3,3716
18000	5	0,4622	0,6101	0,695	0,8126	0,8485	0,9442	1,0436
19800	5,5	0,2516	0,3139	0,347	0,3907	0,4036	0,4379	0,4738
21600	6	0,1545	0,1862	0,2021	0,2225	0,2284	0,2442	0,2609
23400	6,5	0	0	0	0	0	0	0
	p(%)	**50**	**20**	**10**	**5**	**4**	**2**	**1**
	Tr	**2**	**5**	**10**	**20**	**25**	**50**	**100**
		MáxQ =	MáxQ =	MáxQ =	MáxQ =	MáxQ =	MáxQ =	MáxQ =
		2,4826	**4,0651**	**5,171**	**6,3696**	**6,7209**	**7,8755**	**9,02**

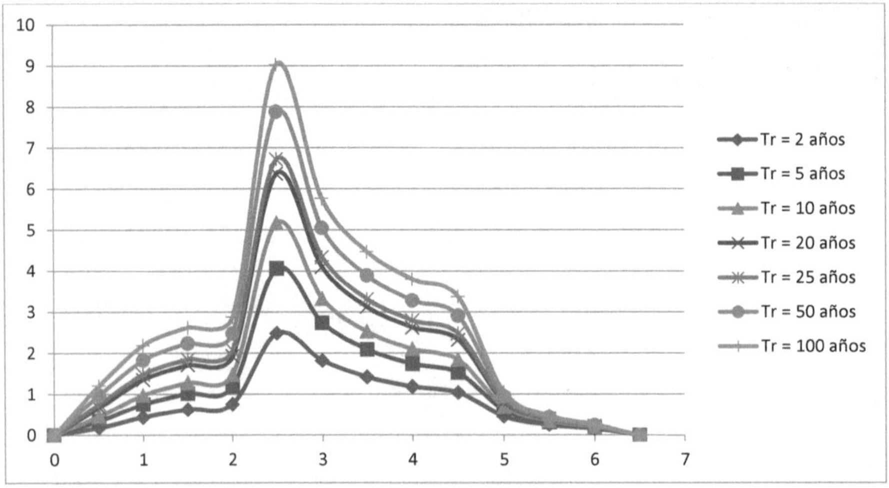

Figura A10.1. Patrón de escurrimientos en la vertiente Norte para diferentes períodos de retorno Tr.

Tabla A10.9

Vertiente Sur								
t(s)	**t(h)**	**2 años**	**5 años**	**10 años**	**20 años**	**25 años**	**50 años**	**100 años**
0	0	0	0	0	0	0	0	0
1800	0,5	0,0478	0,0926	0,1284	0,1973	0,2228	0,2952	0,3773
3600	1	0,1531	0,2933	0,4039	0,6126	0,6892	0,9049	1,1465
5400	1,5	0,3008	0,5677	0,7749	1,1567	1,2947	1,6808	2,107
7200	2	0,4833	0,8968	1,2119	1,7771	1,9781	2,5366	3,1436
9000	2,5	1,546	2,8787	3,9002	5,2918	5,7429	7,1416	8,6109
10800	3	1,9343	3,4707	4,6041	6,163	6,6669	8,1922	9,7715
12600	3,5	2,1241	3,6834	4,7958	6,3311	6,8255	8,3047	9,8217
14400	4	2,2013	3,7046	4,7477	6,2008	6,6676	8,033	9,4409
16200	4,5	2,2116	3,6274	4,5883	5,9445	6,3805	7,6278	8,9146
18000	5	1,7923	2,8182	3,4844	4,3928	4,678	5,4813	6,2915
19800	5,5	1,4764	2,2413	2,7204	3,3558	3,5515	4,0968	4,6376
21600	6	1,2334	1,8176	2,1725	2,6328	2,7725	3,1584	3,536
23400	6,5	0	0	0	0	0	0	0
	p(%)	**50**	**20**	**10**	**5**	**4**	**2**	**1**
	Tr	**2**	**5**	**10**	**20**	**25**	**50**	**100**
		MáxQ =	MáxQ =	MáxQ =	MáxQ =	MáxQ =	MáxQ =	MáxQ =
		2,2116	**3,7046**	**4,7958**	**6,3311**	**6,8255**	**8,3047**	**9,8217**

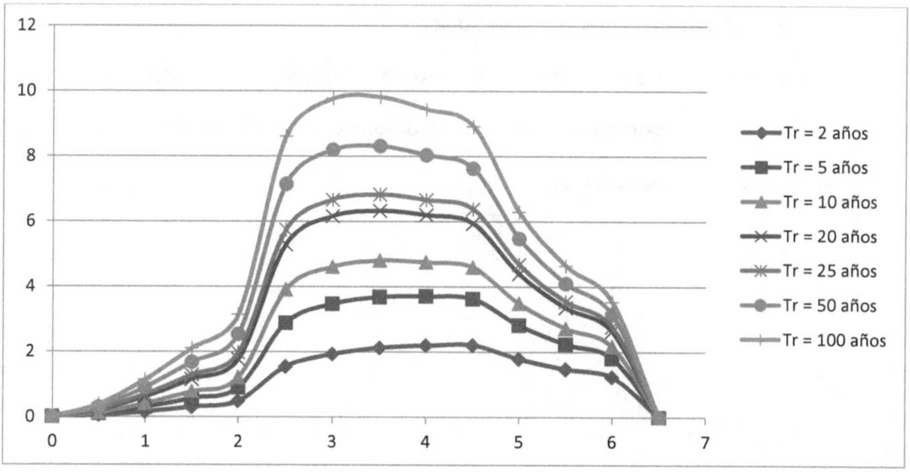

Figura A10.2. Patrón de escurrimientos en la vertiente Sur para diferentes períodos de retorno Tr.

Anexo 11

Procedimiento para el procesamiento de las lluvias.

El procesamiento se basa en el empleo de la hoja Excel y el programa Surfer como auxiliar para digitalizar el pluviograma y el Word MS para agilizar el copiado de los datos

Primer paso: sacar una imagen digital del pluviograma (foto o scanner) teniendo el cuidado de que en la imagen digital el eje de tiempo quede horizontal y el de lámina vertical. De no ser así, debe enmendarse el error empleando un programa de tratamiento de imágenes tal como el Photoshop.

La imagen digital (*.jpg) se llevará al Surfer.

Llamar a SURFER y cargar un mapa cualquiera con la opcion:

Surfer > Map > Contour Map >New Contour Map> [cualquier fichero de la carpeta]

Achicar el mapa y ponerlo al final de la página (izquierda-inferior)

Importar la imagen creada con la opción:

Surfer > File > Import > [ubicar el fichero en la carpeta correspondiente]

Agrandar la imagen con cuidado de no deformarla arrastrandola por uno de las esquinas (ver Figura A11.1)

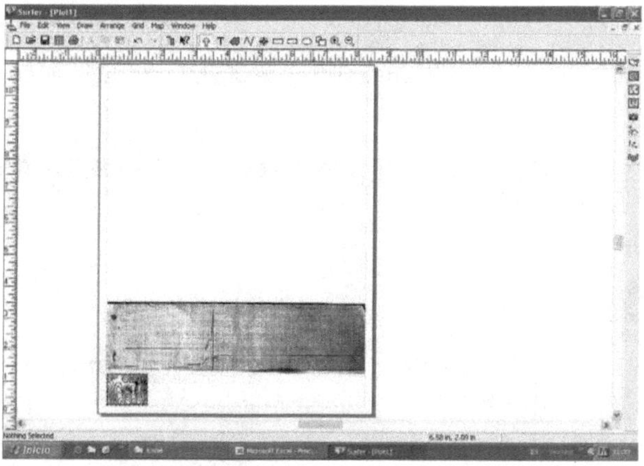

Figura A11.1. Mapaa cargado desde el SURFER e imagen del pluviografo importada

Agrandar la imagen (Zoom +) hasta donde se desee y ¡¡¡ dejarla asi !!! ver Figura A11.2.

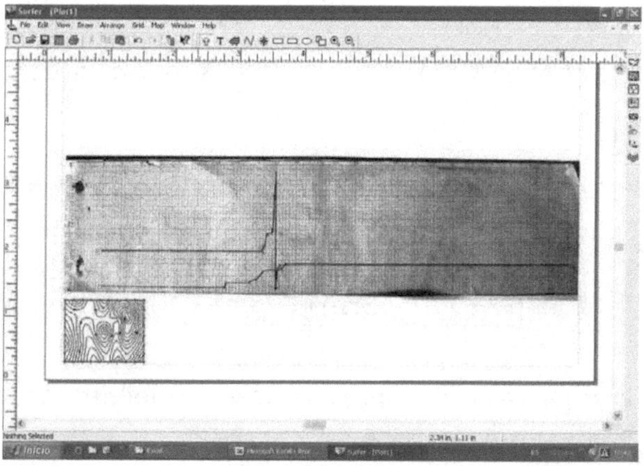

Figura A11.2. Imagen del pluviografo y mapa del Surfer listos para comenzar el proceso de digitalización

Marcar el mapa original para que se active la opcion **DIGITALIZAR**

NOTA: Este paso es importante ya que se "engaña" al Surfer para que crea se va a digitalizar el plano cuando en realidad se digitalizara la imagen (ver Figura A11.3).

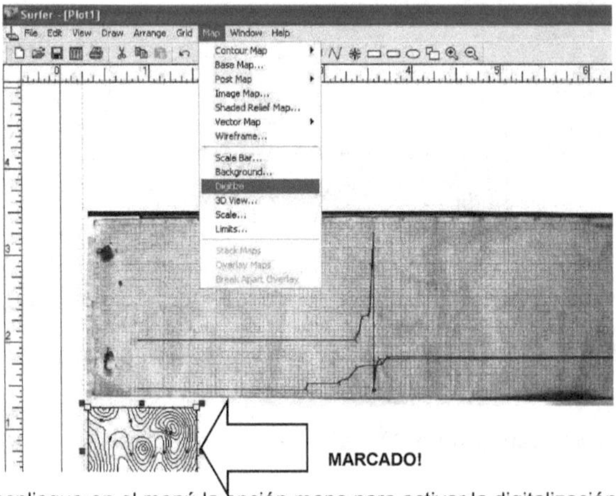

Figura A11.3. Despliegue en el menú la opción mapa para activar la digitalización de la carta pluviografica

Marcar el punto en el eje X de las 8 horas y leer se valor digitalizado (ver Tabla A11.1)

Tabla A11.1. Escala para los límites del dia hidrólogico (debe iniciar a las 8 horas)

Escala en X	
Punto 1	
real	Digital
8	4,27441289

Nota: Cuando se marca el primer punto aparece este reflejado en una ventana superpuesta

Marcar el segundo punto en X correspondiente a las 8 horasy leer su valor digitalizado correspondiente a las 8 horas del día siguiente (ver Tabla A11.2)

Tabla A11.2. Escala para los límites del dia hidrólogico (debe terminar las 8 horas del dia siguiente)

Punto 2	
real	digital
32	56,82202266

Estos puntos son fijos en las 8 horas de un día "d" y las 8 del siguiente.

Los valores 8 y 32 son inamovibles y las celdas están protegidas.

Repetir la operación para el eje Y (de las lluvias de 0 a 10 mm)

Nota. Si la gráfica llega al valor máximo (10 mm) se debe marcar ese punto, el siguiente es la bajada a cero que NO se marcará.

El punto de máximo quedará señalizado automáticamente en la fila llamada "CLAVE" con una X.

Es muy importante que al digitalizar el valor del punto de máxima este sea igual o mayor que el valor digitalizado para la lámina de 10 mm.

Debe verificarse que el nuevo punto después del máximo tenga un dato en el eje del tiempo superior al digitalizado para el máximo. (ver Figura A11.4)

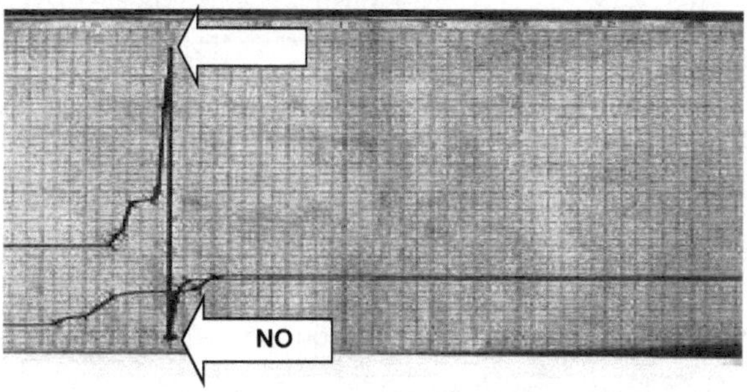

Figura A11.4. Límites inferiores y superiores de la lámina de lluvia (10 mm en la carta pluviografica)

Una vez realizada la digitalizacion para el escalado, se procede a digitalizar los puntos notables del pluviograma. Para esto se marca cada punto y se observa como los valores del tiempo y la lámina quedan grabados en la ventana superpuesta que salio anteriormente. Ud puede agregar a esa ventana cualquier comentario que desee hacer para precisar la información.

Al terminar el último punto se salvan los datos con extensión ".dat".

La información queda así (ver Figura A11.5):

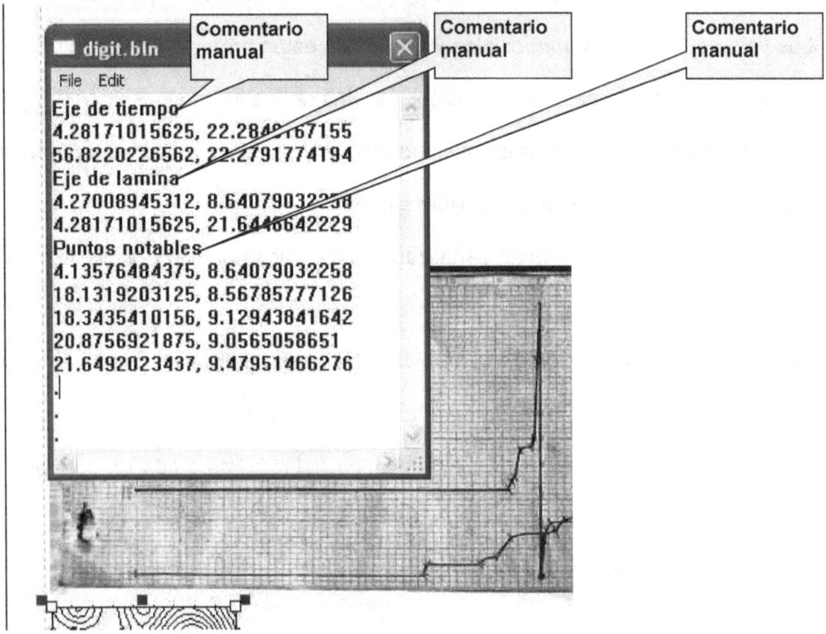

Figura A11.5. Tabla muestrando el resultado de la digitalización del tiempo, lámina y puntos notables

Note que los puntos para el eje tiempo estan valores muy semanjantes de Y (22,284 y 22,279). Lo mismo sucede con los valores para el escalado de la lámina en este caso los valores de X estan en 4,270 y 4,281 respectivamente.

Cargue con el Word MS el fichero *.dat.

Para ahorrar tiempo los puntos notables pueden convertirse de texto a tabla empleando como separador "," y copiar cada una de las columnas que se pegaran inmediatamente en el lugar correspondiente en la hoja Excel. Del fichero *.dat se copian y pegan los valores para el escalado.

Accionar el botón CALCULAR (ver Figura A11.6)

Figura A11.6. Opción calcular para el procesamiento de los datos ne la hoja EXCEL

El programa a partir de ahí calcula las escalas para los tiempos y las lluvias y desarrolla todo el cálculo de intensidades necesarios para el procesamiento del pluviograma.

Se han habilitado 51 filas para los datos que, de acuerdo a la experiencia es suficiente para caracterizar un hidrograma.

Los gráfico de salida se actualizan en cada corrida y los datos se eliminan si se acciona el botón BORRAR DATOS.

Ultimas consideraciones.

NO puede haber un valor digitalizado ni menor ni mayor que el valor digitalizado del eje correspondiente.

El valor del primero t debe coincidir con el punto digitalizado para 8 horas y el último valor de t debe coincidir con el punto digitalizado para las 32 horas

Después de un punto de 10 mm, debe haber un punto de 0 mm con un t igual a 1.01 del t anterior (correspondiente al de 10 mm)

Anexo 12

Ensayos (obtención de los parámetros del modelo de infiltración) y resultados estadísticos del ajuste al modelo de Horton en cada una de las muestras de suelo analizadas.

En la Figura A12.1 se muestra la variación de los niveles de agua en los ensayos realizados, tomando como referencia el extremo superior del tubo, para cada uno de los puntos de muestreo. Los valores indican claramente que en los suelos de las formaciones Quelo y Luanda (Puntos 1 y 2, respectivamente), se presentan las tasas de infiltración relativamente más bajas. Nótese además que en el intervalo de tiempo en que fueron efectuadas las mediciones, en los puntos 1 y 2 existe una tendencia a la estabilización de los niveles de agua, no ocurriendo así en los puntos 3 y 4 (formaciones Arenas Rojas de Muceque y Quifangondo, respectivamente) que sin lugar a dudas necesitaron un mayor tiempo para alcanzar dicha estabilización en los niveles de agua.

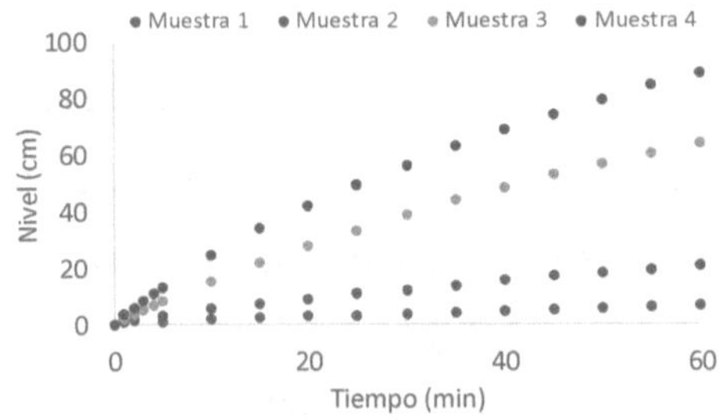

Figura A12.1. Resultados de los ensayos realizados para cuatro muestras, entre ellas la muestra de la foumación Quelo, que predomina en el barrio de Marçal.
Fuente: (SOGREAH-COBA 2007).

Obtención de los parámetros del modelo de infiltración

Antes de proceder a la obtención de los parámetros de infiltración que caracterizan a los suelos estudiados, fue necesario realizar algunas modificaciones a la información de los ensayos realizados por (SOGREAH-COBA 2007).

En efecto, el sistema de referencia para la medición de los niveles fue colocado en el extremo inferior del tubo de PVC que se encuentra verticalmente enterrado y la velocidad de infiltración fue calculada como $f(t)=dh/dt$, siendo h = nivel de agua con respecto al nuevo sistema de referencia (cm), t = tiempo (min). Los resultados se muestran en la Figura A12.2

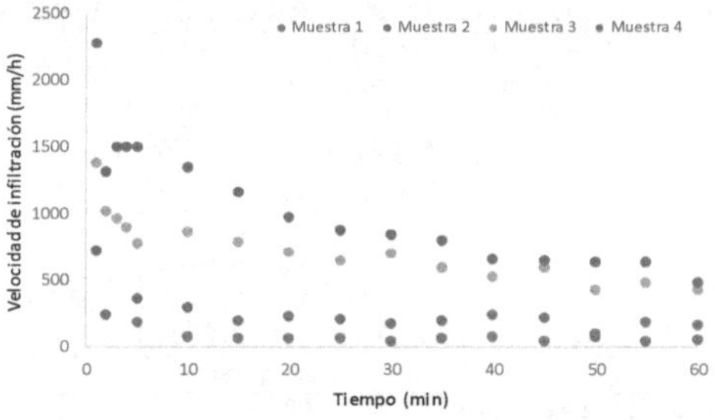

Figura A12.2. Velocidades de infiltración instantáneas para cada punto de muestreo **Fuente**. (Da Silva, Martínez et al. 2014b).

Figura A12.3. Puntos de ensayos identificados para laciudad de Luanda. **Fuente**: (SOGREAH-COBA 2007).

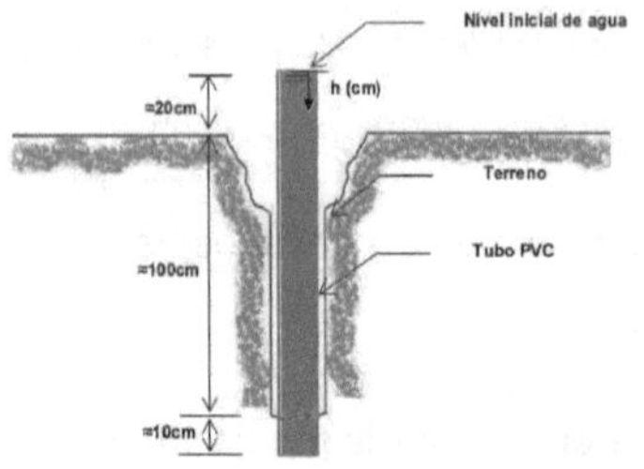

Figura A12.4. Esquema de ensayos realizados (infiltrometro de penetración).
Fuente: (SOGREAH-COBA 2007).

Tabla A12.1. Se exponen los resultados estadísticos principales del ajuste

Parámetro s	Valor	Error estándar	Límites de confianza 95 %		R^2	Error estándar de ajuste
Suelo Formación Quelo						
F (mm/h)	53,79141096	2,951332001	46,81261975	60,77020217	0,9662041880	7,7101683146
f_o(mm/h)	498,4851824	151,5958938	140,0178561	856,9525087		
1/k (s)	205,4923224	41,19669067	108,0776287	302,9070161		
Suelo Formación Luanda						
F (mm/h)	183,1343128	273,4817580	168,0589949	198,2096307	0,9822442397	21,284120019
f_o(mm/h)	661,0134693	32,90896321	588,5813296	733,4456090		
1/k (s)	273,4817580	26,47259721	215,2159644	331,7475516		
Suelo Arenas Rojas de Muceque						
F (mm/h)	440,5136728	30,74434183	372,8458326	508,1815129	0,9719177650	42,030120080
f_o(mm/h)	919,5249502	47,12688750	815,7993701	1023,250530		
1/k (s)	1041,663401	126,3567385	763,5540948	1319,772708		
Suelo Formación Quifangondo						
F (mm/h)	603,1871717	36,91684358	523,4331799	682,9411635	0,9783836464	71,032352729
f_o(mm/h)	1628,619147	69,99158888	1477,411512	1779,826782		
1/k (s)	793,3912887	80,85533950	618,7139474	968,0686301		

Tabla A12.2. Muestra 1. Formación Quelo.

						Límites de Confianza 95%		Límites de Predicción 95%	
Pto	Valor X	Valor Y	Y Predic	Residuo	Residuo %	Ymin	Ymax	Ymin	Ymax
1	300.0	169.504	169.568	-0.0640	-0.037	151.359	187.777	143.801	195.335
2	600.0	81.669	80.681	0.98788	1.209	64.125	97.237	56.054	105.308
3	900.0	55.299	60.036	-4.7376	-8.567	51.879	68.194	40.063	80.010
4	1200.0	61.789	55.241	6.54796	10.597	49.043	61.440	35.985	74.498
5	1500.0	56.478	54.128	2.34970	4.1603	47.519	60.736	34.735	73.520
6	1800.0	39.875	53.869	-13.994	-35.094	47.008	60.731	34.389	73.349

7	2100.0	59.907	53.809	6.0980	10.179	46.864	60.755	34.299	73.319
8	2400.0	64.851	53.795	11.0560	17.048	46.825	60.765	34.277	73.314
9	2700.0	49.352	53.792	-4.4402	-8.996	46.816	60.768	34.271	73.313
10	3000.0	81.121	53.791	27.3299	33.690	46.813	60.769	34.270	73.313
11	3300.0	46.734	53.791	-7.0566	-15.099	46.812	60.770	34.269	73.313
12	3600.0	43.050	53.791	-10.741	-24.950	46.812	60.770	34.269	73.313

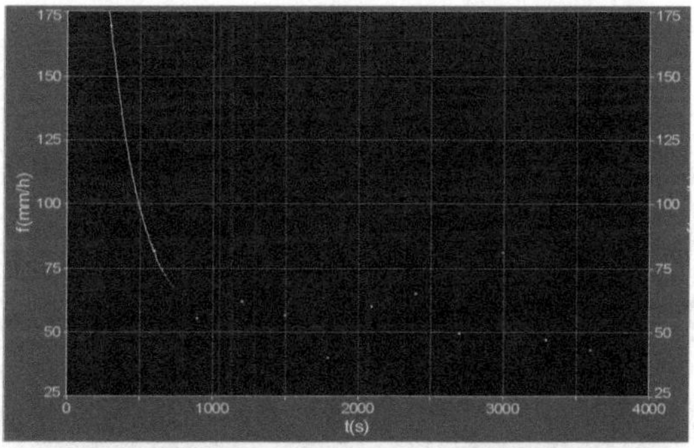

Figura A12.5 Modelo de Horton aplicado a la formación Quelo

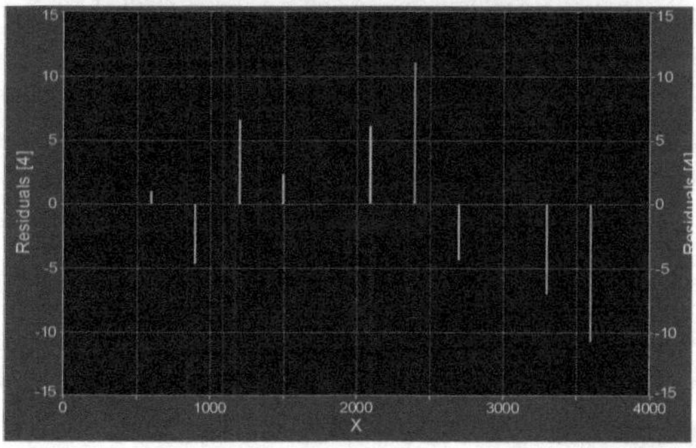

Figura A12.6 Residuos obtenidos en el proceso de ajuste del modelo

Anexo 13

La herramienta SewerUp.

SewerUp es una aplicación de ordenador enfocada al diseño de redes de alcantarillado sanitario y pluvial, especialmente concebida para el proyectista hidráulico. SewerUp racionaliza el diseño inicial del usuario, ajustándose a las restricciones establecidas y al surtido de tuberías que garantiza el suministrador contratado y define las respectivas pendientes, según la norma de diseño implantada en su organización

Maneo del Programa

En el Menu Diseño datos generales (se introducirán las condiciones de frontera impuestas al programa).

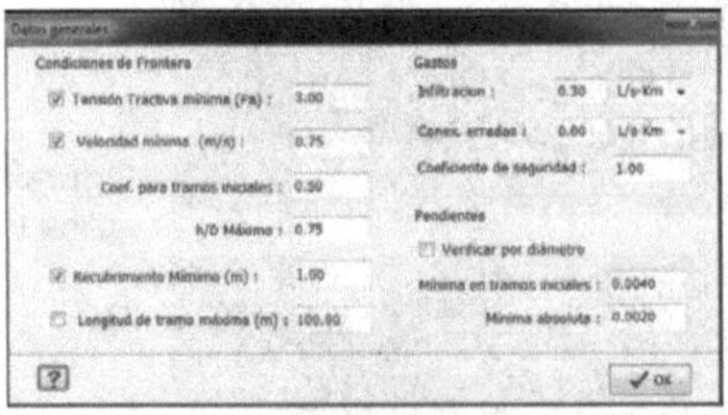

Figura A13.1. Condiciones iniciales del diseño que deben ser ajustadas según las características de local donde se va a diseñar la red

En el Menu Diseño Tuberías (se modificará el surtido de Tuberías por defecto, según sea el proveedor real).

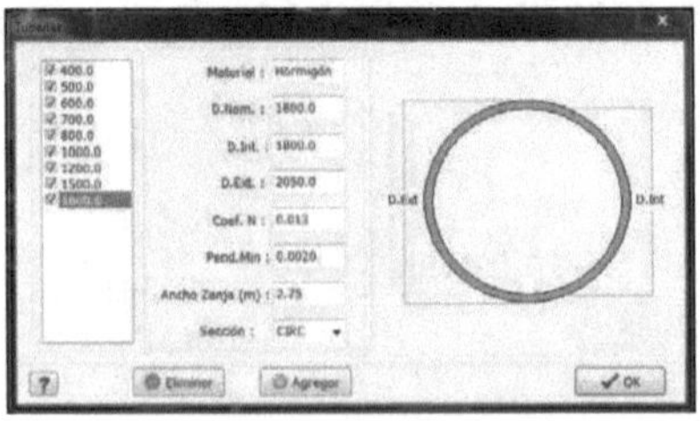

Figura A13.2. Surtidos de tuberías de debe ser ajustado según el provedor.

SewerUp carga modelo digital del terreno (MDT), a partir de un fichero de extensión .dxf, se si haya definido una capa con las cotas altimétricas de terreno en la que no necesariamente se requiere que los puntos tengan la elevación.

Menu herramientas cartografia

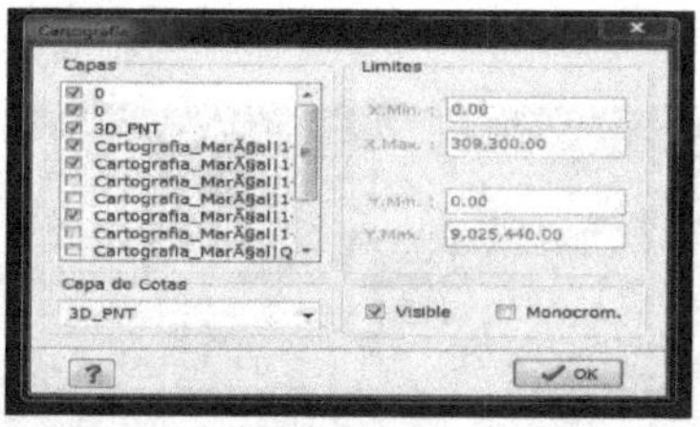

Figura A13.3. Cargar las diferentes capas de la cartografía y otras entidades del dibujo antes de iniciar el diseño de la red de drenaje pluvial.

SewerUp exporta o importa un archivo de puntos de extensión .csv, desde la ventana **Topografía** del menú **Herramientas**, para ser leído por aplicaciones como AutoCAD Civil 3D con el propósito de crear modelos de superficies (MDT) basados en redes triangulares irregulares (TIN).

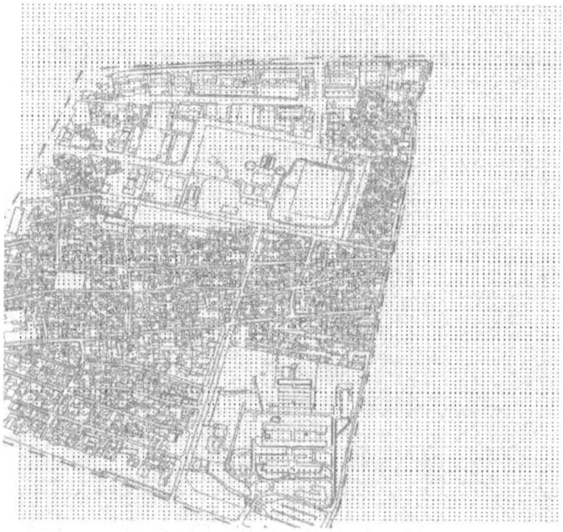

Figura A13.4. Vista de la urbanización sobre el modelo digital de terreno, para iniciar el proceso de diseño de la red por la herramienta SewerUp.

Para facilitar el trabajo del usuario, en el proceso de inserción de nodos (registros) y tramos (colectores), se ha incorporado al archivo .dxf la planimetría geo referenciada (calles, edificaciones, etc.), del caso de estudio, copiada y pegada valiéndonos de Auto CAD, siempre en las coordenadas originales.

Nodos y tramos de la red procesado por SewerUp

Figura A13.5. Detalle de nodos, tramos de la red, así como las diferentes entidades de la topográfia, necesarias para una red de drenaje pluvial.

Resultado del diseño realizado por el programa SewerUp

Tabla A13.1. Resumen del cálculo realizado por la herramienta SewerUp en formato EXCEL (red de drenaje pluvial del barrio Marçal, en Luanda, Angola).

Tramos

ID	Tipo de tramo	Diametro		Longitud (m)	Costo tuberia (CUP)		
		Sewer Up	Anexo 2		Sewer Up	Anexo 2	Diferencia
CP9.100 - CP9_2	Nuevo	600	700	274.78	14,950.86	17,720.64	-2,769.78
CP9.200 - CP9.201	Nuevo	600	700	187.61	10,207.92	12,099.03	-1,891.11
CP9.201 - CP9_3	Nuevo	700	700	74.52	4,805.82	4,805.82	0.00
CP9.300 - CP9.301	Nuevo	400	700	94.32	3,230.49	6,082.73	-2,852.24
CP9.301 - CP9_4	Nuevo	700	700	149.47	9,639.37	9,639.37	0.00
CP9.400 - CP9.401	Nuevo	500	700	115.72	5,129.90	7,462.82	-2,332.92
CP9.401 - CP9_5	Nuevo	700	700	125.69	8,105.79	8,105.79	0.00
CP9.500 - CP9_6	Nuevo	600	700	264.77	14,406.22	17,075.10	-2,668.88
CP9.600 - CP9_7	Nuevo	500	700	175.58	7,783.51	11,323.21	-3,539.69
CP9.700.20 - CP9_700	Nuevo	400	500	66.31	2,271.14	2,939.54	-668.40
CP9.700.10 - CP9.700	Nuevo	500	600	151.6	6,720.47	8,248.60	-1,528.13
CP9.700 - CP9_7	Nuevo	800	700	115.11	8,583.79	7,423.48	1,160.31
CP9.800.20 - CP9.800	Nuevo	500	500	149.83	6,642.01	6,642.01	0.00
CP9.800.10 - CP9.800	Nuevo	400	600	55.99	1,917.67	3,046.43	-1,128.76
CP9.800 - CP9_8	Nuevo	700	700	100.29	6,467.73	6,467.73	0.00
CP9.900 - CP9.901	Nuevo	500	700	124.04	5,498.73	7,999.38	-2,500.65
CP9.901 - CP9_8	Nuevo	600	700	74.85	4,072.61	4,827.10	-754.49
CP9.1101 - CP9.1100	Nuevo	400	500	45.02	1,541.95	1,995.75	-453.80
CP9.1100 - CP9_9	Nuevo	700	700	220.68	14,231.72	14,231.72	0.00
CP9.1000.10 - CP9.1000	Nuevo	500	600	144.78	6,418.14	7,877.52	-1,459.38
CP9.1000.20 - CP9.1000	Nuevo	400	600	51.41	1,760.81	2,797.23	-1,036.43

SewerUp da la opción del modelador visualizar el diseño

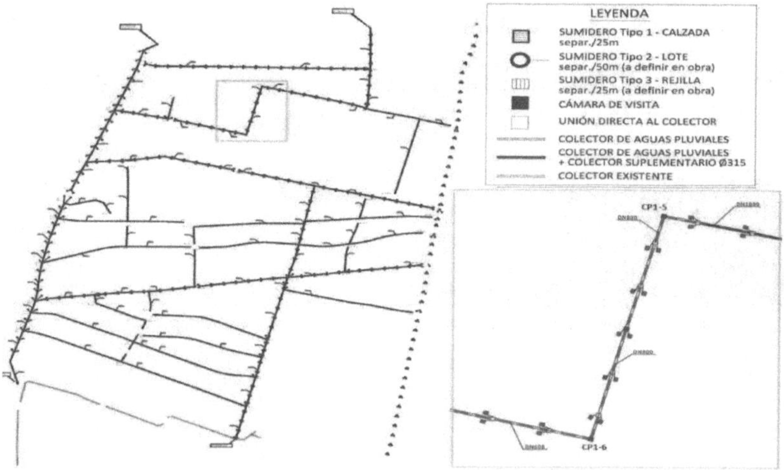

Figura A13.6. Vista en planta de la rede de drenaje pluvial del barrio Marçal y detalle de un tramo de la red

SewerUp cálcula los perfiles ejecutivos integrando, en un mismo plano, el comportamiento de las variables hidráulicas (caudal, velocidad, número de Froude), y los aspectos constructivos necesarios para la ejecución del colector (profundidad y ancho de la zanja, volúmenes de excavación, pendientes, etc.).

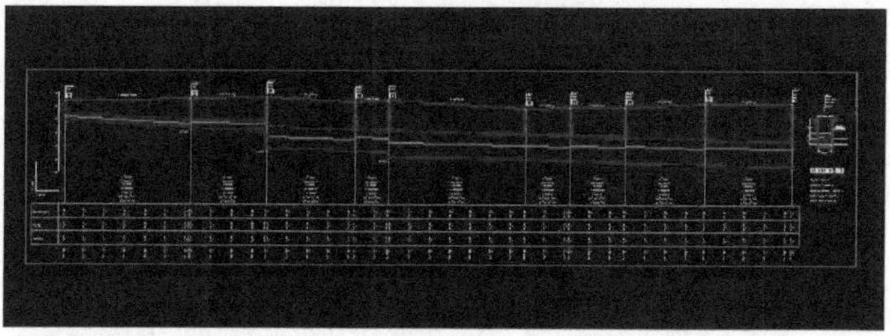

Figura A13.7. Vista en perfil de un tramo de la red de drenaje pluvial del barrio Marçal en la ciudad de Luanda, Angola.

SewerUp genera informes de resultados generales, resumen, para los nodos, los tramos, de caudales, en formato .pdf o .xls, según la opción del usuario

El tránsito de **SewerUp a SWMM**

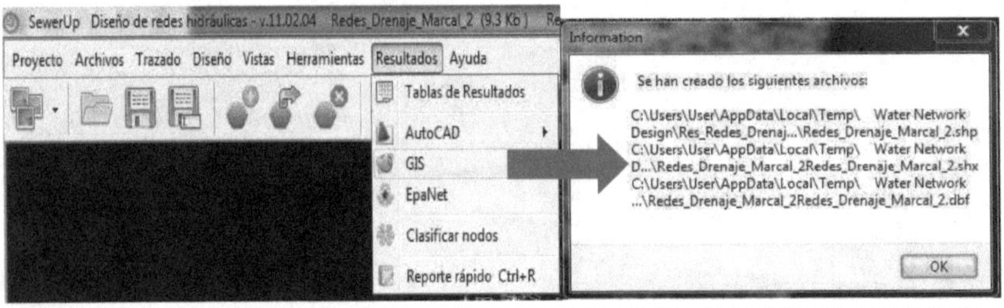

Figura A13.8. Transferencia de archivos desde el Programa SewerUp para otros programas.

Anexo 14

Resumen de los cálculos de la red de drenaje pluvial del barrio Marçal efectuados por SewerUp.

PROYECTO		Redes Drenaje Pluvial de Marçal
SUBSISTEMA A		Tramo T2_1a-T2_1
Q. Medio	:	1,518.01 L/s
Q. Diseño	:	1,518.72 L/s
Diametro	:	1,200.00 mm
Cota Topog.	:	70.24 m
Invertida	:	65.58 m
Recubrim.	:	3.36 m
Excavación	:	4.87 m
SUBSISTEMA B		Tramo T1-1-C1800.3
Q. Medio	:	1,317.52 L/s
Q. Diseño	:	1,317.80 L/s
Diametro	:	1,800.00 mm
Cota Topog.	:	70.58 m
Invertida	:	62.32 m
Recubrim.	:	6.33 m
Excavación	:	8.49 m
SUBSISTEMA C		Tramo C1800.2-C1800.
Q. Medio	:	2,267.72 L/s
Q. Diseño	:	2,268.30 L/s
Diametro	:	1,800.00 mm
Cota Topog.	:	70.58 m
Invertida	:	62.32 m
Recubrim.	:	6.33 m
Excavación	:	8.48 m
SUBSISTEMA D		Tramo CP9_2-CP9_1
Q. Medio	:	2,520.69 L/s
Q. Diseño	:	2,521.87 L/s

Diametro	:	1,500.00 mm
Cota Topog.	:	69.20 m
Invertida	:	64.63 m
Recubrim.	:	2.97 m
Excavación	:	4.78 m
VALORES TOTALES		
Cantidad de Tramos	:	88 u
Profundidad Promedio	:	3.14 m
Longitud	:	9,200.56 m
Area	:	76.00 ha.
Colchón de arena	:	1,126.14 m3
Relleno Compactado	:	23,393.93 m3
Relleno Manual	:	8,716.62 m3
Excavación	:	39,893.38 m3
EXCAVACIÓN EN TRAMOS		LONGITUD
(0 - 2) m	:	2,186.66 m
(2 - 4) m	:	5,397.83 m
(4 - 6) m	:	1,309.47 m
(6 - 8) m	:	168.28 m
(8 - 10) m	:	138.32 m
TUBERÍA		LONGITUD
Ø 400.0 mm (16")	:	2,592.43 m
Ø 500.0 mm (20")	:	1,722.10 m
Ø 600.0 mm (24")	:	1,559.34 m
Ø 700.0 mm (28")	:	309.41 m
Ø 800.0 mm (32")	:	605.11 m
Ø 1000.0 mm (49")	:	776.35 m
Ø 1200.0 mm (48")	:	644.62 m
Ø 1500.0 mm (59")	:	504.56 m
Ø 1800.0 mm (71")	:	486.64 m
PROF. DE LOS NODOS		
(1.50 - 1.75) m	:	3 u
(1.75 - 2.00) m	:	8 u
(2.00 - 2.25) m	:	11 u

(2.25 - 2.50) m	:	4 u
(2.50 - 2.75) m	:	8 u
(2.75 - 3.00) m	:	3 u
(3.00 - 3.25) m	:	5 u
(3.25 - 3.50) m	:	2 u
(3.50 - 3.75) m	:	6 u
(3.75 - 4.00) m	:	9 u
(> 4.0) m	:	30 u
CAIDAS		
(0 - 0.1) m	:	6 u
(0 - 0.2) m	:	21 u
(0 - 0.5) m	:	16 u
(0 - 1.0) m	:	4 u
(0 - 1.5) m	:	8 u
(0 - 2.0) m	:	9 u
(0 - 2.5) m	:	3 u
Tramos cabecera	:	33 u
Tramos con 1 entradas	:	28 u
Tramos con 2 entradas	:	25 u
Tramos con 3 entradas	:	2 u

Nodos

ID	X	Y	Cota Topog.	Orient.
CP9.100	308.158,91	9.024.176,00	69,4	1
CP9.201	308.353,63	9.024.149,00	68,96	2
CP9.200	308.183,00	9.024.227,00	69,2	1
CP9.301	308.297,19	9.024.235,00	69,1	2
CP9.300	308.203,13	9.024.242,00	69,1	1
CP9.401	308.336,63	9.024.286,00	69,13	4
CP9.400	308.221,53	9.024.298,00	69,1	1
CP9.500	308.740,47	9.024.306,00	70,3	1

CP9.600	308.315,56	9.024.372,00	69,2	1
CP9.800.	308.629,84	9.024.536,00	70,3	1
CP9.800	308.611,78	9.024.483,00	70,3	5
CP9.800.	308.758,97	9.024.511,00	70,8	1
CP9.901	308.436,84	9.024.485,00	69,52	2
CP9.900	308.313,59	9.024.471,00	69,3	1
CP9.1100	308.301,97	9.024.526,00	69,6	3
CP9.1101	308.303,44	9.024.481,00	69,6	1
CP9.1000	308.644,44	9.024.599,00	70,3	1
CP9.1000	308.632,47	9.024.549,00	70,3	5
CP9.1000	308.777,22	9.024.552,00	71,1	1
CP9.1200	308.394,94	9.024.670,00	69,1	1
CP9_1	308.386,78	9.023.977,00	69,2	1
CP9_2	308.408,47	9.024.061,00	69,2	5
CP9_3	308.427,00	9.024.136,00	68,9	5
CP9_4	308.439,41	9.024.189,00	68,9	5
CP9_5	308.450,13	9.024.232,00	68,8	5
CP9_6	308.481,91	9.024.363,00	69,4	5
CP9_7	308.489,63	9.024.395,00	69,35	7
CP9_8	308.511,53	9.024.480,00	69,65	7
CP9_9	308.522,50	9.024.534,00	69,65	5
CP9_10	308.523,78	9.024.541,00	69,8	5
CP9_11	308.542,56	9.024.635,00	69,4	6
CP9_12	308.775,81	9.024.577,00	71,1	1
C1800.2	308.282,78	9.025.035,00	70,75	4
C1800.1	308.377,44	9.025.026,00	70,78	2
C1800.3	308.254,84	9.025.068,00	70,58	3
CP1.200.	308.577,09	9.024.936,00	69,25	2
CP1.200.	308.502,38	9.024.939,00	69,04	2
CP1.200.	308.426,84	9.024.940,00	70,79	2
CP1.200.	308.352,31	9.024.940,00	72,7	2
CP1.200.	308.276,38	9.024.942,00	70,75	2
CP1.200	308.203,22	9.024.948,00	70,3	1

C1800	308.472,06	9.025.036,00	68,04	2
CP1.300.	308.813,31	9.024.791,00	70,4	1
CP1.300	308.750,94	9.024.807,00	70,1	5
CP1.300.	308.702,69	9.024.613,00	71,1	1
CP1_2	308.651,97	9.025.043,00	67,89	3
CP1_3	308.652,38	9.024.936,00	68,4	5
CP1_4	308.644,03	9.024.836,00	67,9	6
CP1_5	308.436,13	9.024.890,00	68,6	3
CP1_6	308.405,38	9.024.765,00	68,4	3
CP1_7	308.266,66	9.024.802,00	69,6	1
CP7_2	308.161,97	9.024.182,00	69,4	1
CP6_2	308.187,03	9.024.235,00	69,2	1
CP5_10	308.108,34	9.024.327,00	69,5	4
CP5_10.1	308.207,63	9.024.282,00	69,1	1
CP5_20	308.215,69	9.024.308,00	69,1	1
CP5_2	308.105,91	9.024.349,00	69,7	5
CP5_3	308.213,38	9.024.358,00	69	5
CP5_4	308.305,13	9.024.371,00	69,2	3
CP5_5	308.304,41	9.024.469,00	69,3	1
CP4_10	308.169,00	9.024.527,00	69,9	1
CP4_2	308.167,06	9.024.474,00	69,7	5
CP4_3	308.296,66	9.024.474,00	69,3	1
CP3_10	308.168,94	9.024.680,00	70,3	1
CP3_2	308.169,53	9.024.539,00	70,3	5
CP3_3	308.282,38	9.024.537,00	69,7	1
CP10_2_1	308.054,81	9.024.580,00	70,24	4
CP10_2	308.106,16	9.024.593,00	70,3	4
CP10_2_1	308.122,09	9.024.587,00	70,19	4
CP10_3	308.136,31	9.024.559,00	70,3	1
T2_1	307.953,50	9.024.118,00	70,24	1
T2_1a	307.938,44	9.024.175,00	70,07	4
T2_2	307.963,81	9.024.255,00	70,6	5
T2_3	307.978,75	9.024.303,00	70,4	5

T2_4	307.987,09	9.024.333,00	70	5
T2_5	308.000,38	9.024.432,00	70,5	5
T2_6	308.030,69	9.024.546,00	70,2	5
T2_7	308.044,00	9.024.584,00	70,3	3
CP11_2	308.249,59	9.024.806,00	69,97	3
CP11_3	308.260,63	9.024.861,00	69,81	1
CP2_2	308.242,84	9.024.708,00	69,98	4
CP2_3	308.377,28	9.024.675,00	69,36	1
T1-1	308.227,94	9.025.000,00	70,35	4
T1-1-1	308.199,59	9.024.983,00	69,94	4
T1-1-2	308.185,69	9.024.935,00	70,19	2
T1-2	308.142,66	9.024.827,00	70,3	5
T1-3	308.087,78	9.024.692,00	70,27	5

Gastos

ID	Area	Q.Med.	Q.Conc.	Infiltr.	Q.Dis.
CP9.100-CP9_	2,4	175,81	0	0,08	175,89
CP9.200-CP9.	1,64	120,03	0	0,06	120,09
CP9.201-CP9_	0,65	167,71	0	0,02	167,79
CP9.300-CP9.	0,82	60,35	0	0,03	60,38
CP9.301-CP9_	1,3	155,98	0	0,04	156,06
CP9.400-CP9.	1,01	74,04	0	0,03	74,07
CP9.401-CP9_	1,1	154,46	0	0,04	154,53
CP9.500-CP9_	2,31	169,4	0	0,08	169,48
CP9.600-CP9_	1,53	112,33	0	0,05	112,39
CP9.700.20-C	0,58	42,42	0	0,02	42,44
CP9.700.10-C	1,32	97	0	0,05	97,04
CP9.700-CP9_	1	213,07	0	0,03	213,17
CP9.800.10-C	1,31	95,86	0	0,04	95,91
CP9.800.20-C	0,49	35,82	0	0,02	35,84
CP9.800-CP9_	0,87	195,85	0	0,03	195,95
CP9.901-CP9_	0,65	127,26	0	0,02	127,32

CP9.1101-CP9	0,39	28,81	0	0,01	28,82
CP9.1100-CP9	1,92	170	0	0,07	170,08
CP9.1000.10-	1,26	92,63	0	0,04	92,68
CP9.1000.20-	0,45	32,89	0	0,02	32,91
CP9.1000-CP9	0,95	195,25	0	0,03	195,34
CP9_12-CP9_1	2,1	153,78	0	0,07	153,85
CP9.1200-CP9	1,32	97,07	0	0,05	97,12
CP9_11-CP9_1	0,84	312,18	0	0,03	312,33
CP9_10-CP9_9	0,06	511,99	0	0	512,23
CP9_9-CP9_8	0,48	717,24	0	0,02	717,58
CP9_8-CP9_7	0,77	1.096,51	0	0,03	1.097,02
CP9_7-CP9_6	0,29	1.442,97	0	0,01	1.443,65
CP9_6-CP9_5	1,18	1.698,62	0	0,04	1.699,42
CP9_5-CP9_4	0,39	1.881,43	0	0,01	1.882,31
CP9_4-CP9_3	0,47	2.072,24	0	0,02	2.073,21
CP9_3-CP9_2	0,67	2.289,38	0	0,02	2.290,45
CP9_2-CP9_1	0,76	2.520,69	0	0,03	2.521,87
CP1.200-CP1.	0,64	109,58	0	0,02	109,6
CP1.200.1-CP	0,66	222,99	0	0,02	223,03
CP1.200.2-CP	0,65	334,25	0	0,02	334,32
CP1.200.3-CP	0,66	447,02	0	0,02	447,11
CP1.200.4-CP	0,65	558,66	0	0,02	558,77
CP1.200.5-CP	0,66	671,04	0	0,02	671,18
CP1.300.10-C	0,56	96,13	0	0,02	96,15
CP1.300.20-C	1,74	298,44	0	0,06	298,5
CP1.300-CP1_	0,97	559,94	0	0,03	560,06
CP1_7-CP1_6	1,25	214,33	0	0,04	214,37
CP1_6-CP1_5	1,12	406,51	0	0,04	406,59
CP1_5-CP1_4	1,87	727,18	0	0,06	727,33
CP1_4-CP1_3	0,88	1.436,93	0	0,03	1.437,22
CP1_3-CP1_2	0,93	2.267,72	0	0,03	2.268,17
CP1_2-C1800	0	2.267,72	0	0,05	2.268,23
C1800-C1800.	0	2.267,72	0	0,03	2.268,26

C1800.1-C180	0	2.267,72	0	0,03	2.268,28
C1800.2-C180	0	2.267,72	0	0,01	2.268,30
CP11_3-CP11_	0,49	83,74	0	0,02	83,76
CP11_2-T1-2	0,95	246,44	0	0,03	246,49
T1-4-T1-3	0,68	116,64	0	0,02	116,67
CP2_3-CP2_2	1,21	206,66	0	0,04	206,7
CP2_2-T1-3	1,36	439,38	0	0,05	439,47
T1-3-T1-2	1,27	773,57	0	0,04	773,73
T1-2-T1-1-2	1,01	1.193,57	0	0,03	1.193,81
T1-1-2-T1-1-	0,44	1.268,18	0	0,01	1.268,43
CP5_10.10-CP	0,95	69,74	0	0,03	69,77
CP5_10-CP5_2	0,19	83,9	0	0,01	83,94
CP5_20-CP5_3	0,44	32,02	0	0,02	32,04
CP5_5-CP5_4	0,85	62,7	0	0,03	62,73
CP5_4-CP5_3	0,81	121,99	0	0,03	122,05
CP5_3-CP5_2	0,94	223,02	0	0,03	223,12
CP5_2-T2_4	1,05	383,62	0	0,04	383,8
CP10_3-CP10_	0,27	20,09	0	0,01	20,1
CP10_2_1-CP1	0,15	30,99	0	0,01	31
CP10_2-CP10_	0,46	64,87	0	0,02	64,9
CP10_2_1-T2_	0,1	72,25	0	0	72,28
T2_7-T2_6	0,35	98,01	0	0,01	98,06
CP3_10-CP3_2	1,23	90,21	0	0,04	90,26
CP3_3-CP3_2	0,98	72,21	0	0,03	72,24
CP3_2-T2_6	1,21	251,37	0	0,04	251,49
T2_6-T2_5	1,03	424,85	0	0,04	425,05
T2_4-T2_3	0,27	1.119,14	0	0,01	1.119,66
T2_3-T2_2	0,44	1.291,48	0	0,02	1.292,09
T2_2-T2_1a	0,73	1.480,29	0	0,03	1.480,99
T2_1a-T2_1	0,51	1.518,01	0	0,02	1.518,72

Tramos

ID	Material	Diametro	Longitud	S(‰)	TensionTr.	Velocidad	Y/D	Y.Norm.	Y.Crit.	N.Froude
CP9.100-CP9_	PVC	500	274,78	4	5,61	1,33	0,64	0,32	0,5	0,81
CP9.200-CP9.	PVC	400	187,61	4	4,73	1,19	0,75	0,3	0,4	0,7
CP9.201-CP9_	PVC	600	74,52	2	3,16	1,02	0,56	0,34	0,6	0,62
CP9.300-CP9.	PVC	400	94,32	4	3,8	1,03	0,48	0,19	0,4	0,85
CP9.301-CP9_	PVC	600	149,47	2	3,08	1	0,54	0,32	0,6	0,63
CP9.400-CP9.	PVC	400	115,72	4	4,1	1,08	0,54	0,21	0,4	0,83
CP9.401-CP9_	PVC	600	125,69	2	3,07	1	0,54	0,32	0,6	0,63
CP9.500-CP9_	PVC	500	264,77	4	5,54	1,32	0,62	0,31	0,5	0,82
CP9.600-CP9_	PVC	400	175,58	4	4,67	1,18	0,71	0,28	0,4	0,73
CP9.700.20-C	PVC	400	66,31	4	3,3	0,93	0,39	0,16	0,4	0,87
CP9.700.10-C	PVC	400	151,6	4	4,49	1,15	0,64	0,26	0,4	0,78
CP9.700-CP9_	PVC	600	115,11	3,45	5,4	1,33	0,55	0,33	0,6	0,82
CP9.800.10-C	PVC	400	149,83	4	4,47	1,14	0,63	0,25	0,4	0,78
CP9.800.20-C	PVC	400	55,99	4	3,08	0,89	0,36	0,14	0,4	0,88
CP9.800-CP9_	PVC	600	100,29	4,79	6,83	1,47	0,48	0,29	0,09	1
CP9.900-CP9.	PVC	400	124,04	4	4,2	1,1	0,56	0,22	0,4	0,82
CP9.901-CP9_	PVC	500	74,85	2,15	3	0,97	0,63	0,32	0,5	0,6
CP9.1101-CP9	PVC	400	45,02	4	2,81	0,84	0,32	0,13	0,4	0,88
CP9.1100-CP9	PVC	600	220,68	2	3,18	1,02	0,57	0,34	0,6	0,62

CP9.1000.10-	PVC	400	144,78	5,53	5,79	1,29	0,56	0,22	0,06	0,97
CP9.1000.20-	PVC	400	51,41	4	2,97	0,87	0,34	0,14	0,4	0,88
CP9.1000-CP9	PVC	600	108,98	3,2	4,91	1,26	0,54	0,32	0,6	0,79
CP9_12-CP9_1	PVC	500	240,35	7,5	8,99	1,64	0,48	0,24	0,02	1,21
CP9.1200-CP9	PVC	400	151,72	4	4,49	1,15	0,64	0,26	0,4	0,78
CP9_11-CP9_1	PVC	700	95,86	2	3,95	1,18	0,65	0,45	0,7	0,6
CP9_10-CP9_9	PVC	800	7,12	2	4,69	1,32	0,72	0,58	0,8	0,58
CP9_9-CP9_8	PVC	1.000,00	55,1	2	5,44	1,46	0,6	0,6	1	0,66
CP9_8-CP9_7	PVC	1.200,00	87,78	2	6,39	1,63	0,58	0,69	1,2	0,69
CP9_7-CP9_6	PVC	1.200,00	32,92	2	6,95	1,72	0,69	0,83	1,2	0,63
CP9_6-CP9_5	PVC	1.500,00	134,8	2	7,56	1,82	0,52	0,78	1,5	0,74
CP9_5-CP9_4	PVC	1.500,00	44,32	2	7,84	1,87	0,56	0,83	1,5	0,72
CP9_4-CP9_3	PVC	1.500,00	54,43	2	8,1	1,91	0,59	0,89	1,5	0,71
CP9_3-CP9_2	PVC	1.500,00	77,26	2	8,37	1,95	0,63	0,95	1,5	0,69
CP9_2-CP9_1	PVC	1.500,00	86,75	2	8,61	1,99	0,68	1,01	1,5	0,67
CP1.200-CP1.	PVC	400	73,4	4	4,64	1,17	0,7	0,28	0,4	0,74
CP1.200.1-CP	PVC	600	75,96	2	3,46	1,08	0,68	0,41	0,6	0,57
CP1.200.2-CP	PVC	700	74,53	2	4,03	1,2	0,68	0,48	0,7	0,58
CP1.200.3-CP	PVC	800	75,54	9,79	16,55	2,36	0,4	0,32	0,01	1,53
CP1.200.4-CP	PVC	1.000,00	74,78	2	4,98	1,38	0,51	0,51	1	0,69
CP1.200.5-CP	PVC	1.000,00	75,28	6,65	14,07	2,26	0,4	0,4	0,02	1,31

CP1.300.10-C	PVC	400	64,39	4,66	5,09	1,21	0,6	0,24	0,4	0,86
CP1.300.20-C	PVC	600	199,91	6,27	9,94	1,81	0,57	0,34	0,03	1,1
CP1.300-CP1_	PVC	1.000,00	110,77	20,13	31,34	3,2	0,27	0,27	0	2,31
CP1_7-CP1_6	PVC	500	143,57	9,07	11,86	1,91	0,56	0,28	0,01	1,28
CP1_6-CP1_5	PVC	800	128,73	2	4,39	1,27	0,61	0,49	0,8	0,63
CP1_5-CP1_4	PVC	1.000,00	214,8	2	5,46	1,47	0,6	0,6	1	0,66
CP1_4-CP1_3	PVC	1.200,00	100,35	2	6,95	1,72	0,69	0,83	1,2	0,63
CP1_3-CP1_2	PVC	1.500,00	107	2	8,34	1,95	0,63	0,94	1,5	0,69
CP1_2-C1800	PVC	1.800,00	180,04	2,67	10,6	2,18	0,43	0,77	1,8	0,91
C1800-C1800.	PVC	1.800,00	95,15	2	8,42	1,96	0,47	0,84	1,8	0,78
C1800.1-C180	PVC	1.800,00	95,08	2	8,42	1,96	0,47	0,84	1,8	0,78
C1800.2-C180	PVC	1.800,00	43,24	2	8,42	1,96	0,47	0,84	1,8	0,78
CP11_3-CP11_	PVC	400	56,1	4	4,28	1,11	0,58	0,23	0,4	0,81
CP11_2-T1-2	PVC	600	108,98	2	3,54	1,1	0,74	0,44	0,6	0,54
T1-4-T1-3	PVC	400	78,13	4	4,71	1,18	0,73	0,29	0,4	0,72
CP2_3-CP2_2	PVC	500	138,43	4	5,86	1,37	0,72	0,36	0,5	0,75
CP2_2-T1-3	PVC	800	155,89	2	4,5	1,29	0,64	0,51	0,8	0,62
T1-3-T1-2	PVC	1.000,00	145,73	2	5,57	1,49	0,63	0,63	1	0,65
T1-2-T1-1-2	PVC	1.200,00	116,26	2	6,58	1,66	0,61	0,73	1,2	0,68
T1-1-2-T1-1-	PVC	1.200,00	49,97	2	6,7	1,68	0,63	0,76	1,2	0,66
T1-1-1-T1-1	PVC	1.200,00	33,05	2	6,78	1,69	0,65	0,78	1,2	0,66

T1-1-C1800.3	PVC	1.800,00	73,13	25,16	49,21	4,17	0,18	0,33	0	2,79
CP7_2-T2_2	PVC	500	211,18	4	5,13	1,25	0,54	0,27	0,5	0,86
CP6_2-T2_3	PVC	500	219,1	4	5,2	1,26	0,55	0,28	0,5	0,86
CP5_10.10-CP	PVC	400	109	4	4,01	1,06	0,52	0,21	0,4	0,84
CP5_10-CP5_2	PVC	500	22,13	2,6	3,02	0,95	0,46	0,23	0,5	0,72
CP5_20-CP5_3	PVC	400	50,05	4	2,94	0,86	0,34	0,13	0,4	0,88
CP5_5-CP5_4	PVC	400	98	4	3,85	1,04	0,49	0,19	0,4	0,85
CP5_4-CP5_3	PVC	500	92,67	2,2	3,02	0,97	0,61	0,31	0,5	0,61
CP5_3-CP5_2	PVC	600	107,84	2	3,46	1,08	0,68	0,41	0,6	0,57
CP5_2-T2_4	PVC	800	119,88	2	4,31	1,25	0,59	0,47	0,8	0,64
CP10_3-CP10_	PVC	400	31,4	4	2,41	0,76	0,26	0,11	0,4	0,88
CP10_2_1-CP1	PVC	400	17,03	4,2	3,01	0,87	0,33	0,13	0,4	0,9
CP10_2-CP10_	PVC	400	52,96	2,91	3	0,93	0,55	0,22	0,4	0,7
CP10_2_1-T2_	PVC	400	11,53	2,8	3,03	0,94	0,59	0,24	0,4	0,67
T2_7-T2_6	PVC	500	40,26	2,41	3,01	0,96	0,52	0,26	0,5	0,67
CP3_10-CP3_2	PVC	400	141	4	4,38	1,13	0,61	0,24	0,4	0,8
CP3_3-CP3_2	PVC	400	112,86	4	4,06	1,07	0,53	0,21	0,4	0,83
CP3_2-T2_6	PVC	700	139,02	2	3,68	1,13	0,56	0,39	0,7	0,64
T2_6-T2_5	PVC	800	117,96	2	4,45	1,28	0,63	0,5	0,8	0,62
CP4_10-CP4_2	PVC	400	53,04	4	3,01	0,88	0,35	0,14	0,4	0,88
CP4_3-CP4_2	PVC	400	129,59	4	4,26	1,11	0,58	0,23	0,4	0,81

CP4_2-T2_5	PVC	600	171,9	2	3,47	1,09	0,69	0,42	0,6	0,56
T2_5-T2_4	PVC	1.000,00	99,89	2	5,43	1,46	0,6	0,6	1	0,66
T2_4-T2_3	PVC	1.200,00	31,14	2	6,44	1,64	0,58	0,7	1,2	0,69
T2_3-T2_2	PVC	1.200,00	50,27	2	6,74	1,69	0,64	0,77	1,2	0,66
T2_2-T2_1a	PVC	1.200,00	83,93	2	7	1,73	0,71	0,85	1,2	0,62
T2_1a-T2_1	PVC	1.200,00	58,96	2	7,04	1,74	0,72	0,87	1,2	0,62

Nodos Entrantes

ID	Nodo 1	Cota Topog.	Corona	Fondo	Invertida	Nivel Agua	Recubrim.	Excavación	Caída
CP9.100-CP9_	CP9.100	69,4	68,5	67,88	67,99	68,31	0,9	1,52	0
CP9.200-CP9.	CP9.200	69,2	68,2	67,68	67,79	68,09	1	1,52	0
CP9.201-CP9_	CP9.201	68,96	67,5	66,67	66,84	67,18	1,46	2,29	0,2
CP9.300-CP9.	CP9.300	69,1	68,1	67,58	67,69	67,88	1	1,52	0
CP9.301-CP9_	CP9.301	69,1	67,78	66,95	67,11	67,44	1,32	2,15	0,2
CP9.400-CP9.	CP9.400	69,1	68,1	67,58	67,69	67,9	1	1,52	0
CP9.401-CP9_	CP9.401	69,13	67,69	66,86	67,03	67,35	1,44	2,27	0,2
CP9.500-CP9_	CP9.500	70,3	69,4	68,78	68,89	69,2	0,9	1,52	0
CP9.600-CP9_	CP9.600	69,2	68,2	67,68	67,79	68,07	1	1,52	0
CP9.700.20-C	CP9.700.20	70,3	69,3	68,78	68,89	69,05	1	1,52	0

CP9.700.10-C	CP9.700.10	70,3	69,3	68,78	68,89	69,14	1	1,52	0
CP9.700-CP9_	CP9.700	70,1	68,75	67,92	68,08	68,41	1,35	2,18	0,2
CP9.800.10-C	CP9.800.10	70,8	69,8	69,28	69,39	69,64	1	1,52	0
CP9.800.20-C	CP9.800.20	70,3	69,3	68,78	68,89	69,03	1	1,52	0
CP9.800-CP9_	CP9.800	70,3	69,13	68,3	68,47	68,75	1,17	2	0,2
CP9.900-CP9.	CP9.900	69,3	68,3	67,78	67,89	68,11	1	1,52	0
CP9.901-CP9_	CP9.901	69,52	67,81	67,18	67,29	67,61	1,71	2,34	0,1
CP9.1101-CP9	CP9.1101	69,6	68,6	68,08	68,19	68,32	1	1,52	0
CP9.1100-CP9	CP9.1100	69,6	68,47	67,64	67,81	68,15	1,13	1,96	0,2
CP9.1000.10-	CP9.1000.1	71,1	70,1	69,58	69,69	69,91	1	1,52	0
CP9.1000.20-	CP9.1000.2	70,3	69,3	68,78	68,89	69,03	1	1,52	0
CP9.1000-CP9	CP9.1000	70,3	69,15	68,32	68,48	68,81	1,15	1,98	0,2
CP9_12-CP9_1	CP9_12	71,1	70,2	69,58	69,69	69,93	0,9	1,52	0
CP9.1200-CP9	CP9.1200	69,1	68,1	67,58	67,69	67,94	1	1,52	0
CP9_11-CP9_1	CP9_11	69,4	67,57	66,6	66,78	67,24	1,83	2,8	0,3
CP9_10-CP9_9	CP9_10	69,8	67,38	66,31	66,49	67,07	2,42	3,49	0,1
CP9_9-CP9_8	CP9_9	69,65	67,37	66,08	66,28	66,87	2,28	3,57	0,2
CP9_8-CP9_7	CP9_8	69,65	67,27	65,76	65,97	66,66	2,38	3,89	0,2
CP9_7-CP9_6	CP9_7	69,35	67,1	65,59	65,79	66,62	2,25	3,76	0
CP9_6-CP9_5	CP9_6	69,4	67,03	65,22	65,42	66,21	2,37	4,18	0,3
CP9_5-CP9_4	CP9_5	68,8	66,76	64,95	65,15	65,99	2,04	3,85	0

CP9_4-CP9_3	CP9_4	68,9	66,67	64,86	65,07	65,95	2,23	4,04	0
CP9_3-CP9_2	CP9_3	68,9	66,56	64,75	64,96	65,9	2,34	4,15	0
CP9_2-CP9_1	CP9_2	69,2	66,41	64,6	64,8	65,82	2,79	4,6	0
CP1.200-CP1.	CP1.200	70,3	69,3	68,78	68,89	69,17	1	1,52	0
CP1.200.1-CP	CP1.200.1	70,75	69,06	68,23	68,4	68,81	1,69	2,52	0,2
CP1.200.2-CP	CP1.200.2	72,7	68,93	67,96	68,14	68,62	3,77	4,74	0,1
CP1.200.3-CP	CP1.200.3	70,79	68,78	67,71	67,89	68,22	2,01	3,08	0,1
CP1.200.4-CP	CP1.200.4	69,04	68,05	66,76	66,96	67,47	0,99	2,28	0,2
CP1.200.5-CP	CP1.200.5	69,25	67,9	66,61	66,81	67,21	1,35	2,64	0
CP1.300.10-C	CP1.300.10	70,4	69,4	68,88	68,99	69,23	1	1,52	0
CP1.300.20-C	CP1.300.20	71,1	70,35	69,52	69,69	70,03	0,75	1,58	0
CP1.300-CP1_	CP1.300	70,1	69,13	67,84	68,03	68,31	0,97	2,26	0,4
CP1_7-CP1_6	CP1_7	69,6	68,7	68,08	68,19	68,47	0,9	1,52	0
CP1_6-CP1_5	CP1_6	68,4	67,47	66,4	66,59	67,07	0,93	2	0,3
CP1_5-CP1_4	CP1_5	68,6	67,22	65,93	66,13	66,73	1,38	2,67	0,2
CP1_4-CP1_3	CP1_4	67,9	66,8	65,29	65,5	66,33	1,1	2,61	0,2
CP1_3-CP1_2	CP1_3	68,4	66,6	64,79	65	65,94	1,8	3,61	0,3
CP1_2-C1800	CP1_2	67,89	65,19	63,05	63,27	64,04	2,69	4,84	1,51
C1800-C1800.	C1800	68,04	64,72	62,57	62,79	63,63	3,32	5,47	0
C1800.1-C180	C1800.1	70,78	64,53	62,37	62,6	63,44	6,25	8,41	0
C1800.2-C180	C1800.2	70,75	64,33	62,18	62,41	63,25	6,42	8,57	0

CP11_3-CP11_	CP11_3	69,81	68,81	68,29	68,4	68,63	1	1,52	0
CP11_2-T1-2	CP11_2	69,97	68,64	67,81	67,97	68,42	1,33	2,16	0,2
T1-4-T1-3	T1-4	70,22	69,22	68,7	68,81	69,1	1	1,52	0
CP2_3-CP2_2	CP2_3	69,36	68,46	67,84	67,95	68,31	0,9	1,52	0
CP2_2-T1-3	CP2_2	69,98	67,98	66,91	67,1	67,61	2	3,07	0,3
T1-3-T1-2	T1-3	70,27	67,68	66,39	66,58	67,21	2,59	3,88	0,2
T1-2-T1-1-2	T1-2	70,3	67,4	65,89	66,09	66,82	2,9	4,41	0,2
T1-1-2-T1-1-	T1-1-2	70,19	67,16	65,65	65,86	66,62	3,03	4,54	0
T1-1-1-T1-1	T1-1-1	69,94	67,06	65,55	65,76	66,54	2,88	4,39	0
T1-1-C1800.3	T1-1	70,35	66,09	63,94	64,16	64,49	4,26	6,41	1,53
CP7_2-T2_2	CP7_2	69,4	68,5	67,88	67,99	68,26	0,9	1,52	0
CP6_2-T2_3	CP6_2	69,2	68,3	67,68	67,79	68,06	0,9	1,52	0
CP5_10.10-CP	CP5_10.10	69,1	68,1	67,58	67,69	67,9	1	1,52	0
CP5_10-CP5_2	CP5_10	69,5	67,67	67,04	67,15	67,38	1,83	2,46	0,1
CP5_20-CP5_3	CP5_20	69,1	68,1	67,58	67,69	67,82	1	1,52	0
CP5_5-CP5_4	CP5_5	69,3	68,3	67,78	67,89	68,08	1	1,52	0
CP5_4-CP5_3	CP5_4	69,2	67,91	67,28	67,4	67,7	1,29	1,92	0,1
CP5_3-CP5_2	CP5_3	69	67,76	66,93	67,09	67,5	1,24	2,07	0,1
CP5_2-T2_4	CP5_2	69,7	67,56	66,49	66,68	67,15	2,14	3,21	0,2
CP10_3-CP10_	CP10_3	70,3	69,3	68,78	68,89	68,99	1	1,52	0
CP10_2_1-CP1	CP10_2_1	70,19	69,17	68,65	68,76	68,89	1,02	1,54	0

CP10_2-CP10_	CP10_2	70,3	69,1	68,58	68,69	68,91	1,2	1,72	0
CP10_2_1-T2_	CP10_2_1	70,24	68,95	68,43	68,54	68,77	1,29	1,81	0
T2_7-T2_6	T2_7	70,3	68,92	68,29	68,41	68,66	1,38	2,01	0,1
CP3_10-CP3_2	CP3_10	70,3	69,3	68,78	68,89	69,13	1	1,52	0
CP3_3-CP3_2	CP3_3	69,7	68,7	68,18	68,29	68,5	1	1,52	0
CP3_2-T2_6	CP3_2	70,3	68,32	67,35	67,54	67,93	1,98	2,95	0,3
T2_6-T2_5	T2_6	70,2	68,04	66,97	67,16	67,66	2,16	3,23	0,1
CP4_10-CP4_2	CP4_10	69,9	68,9	68,38	68,49	68,63	1	1,52	0
CP4_3-CP4_2	CP4_3	69,3	68,3	67,78	67,89	68,12	1	1,52	0
CP4_2-T2_5	CP4_2	69,7	67,84	67,01	67,17	67,59	1,86	2,69	0,2
T2_5-T2_4	T2_5	70,5	67,52	66,23	66,43	67,02	2,98	4,27	0,4
T2_4-T2_3	T2_4	70	67,33	65,82	66,03	66,73	2,67	4,18	0,2
T2_3-T2_2	T2_3	70,4	67,27	65,76	65,96	66,73	3,13	4,64	0
T2_2-T2_1a	T2_2	70,6	67,17	65,66	65,86	66,71	3,43	4,94	0
T2_1a-T2_1	T2_1a	70,07	67	65,49	65,7	66,56	3,07	4,58	0

Nodos Salientes

ID	Nodo 2	Cota Topog.	Corona	Fondo	Invertida	Nivel Agua	Recubrim.	Excavación	Caída
CP9.100-CP9_	CP9_2	69,2	67,4	64,69	66,89	67,21	1,8	4,51	2,09
CP9.200-CP9.	CP9.201	68,96	67,45	66,73	67,04	67,34	1,51	2,23	0,2
CP9.201-CP9_	CP9_3	68,9	67,35	64,79	66,69	67,03	1,55	4,11	1,73
CP9.300-CP9.	CP9.301	69,1	67,72	67	67,31	67,5	1,38	2,1	0,2
CP9.301-CP9_	CP9_4	68,9	67,48	64,9	66,81	67,14	1,42	4	1,75
CP9.400-CP9.	CP9.401	69,13	67,64	66,92	67,23	67,44	1,49	2,21	0,2
CP9.401-CP9_	CP9_5	68,8	67,44	64,99	66,77	67,1	1,36	3,81	1,62
CP9.500-CP9_	CP9_6	69,4	68,34	65,31	67,83	68,14	1,06	4,09	2,41
CP9.600-CP9_	CP9_7	69,35	67,5	65,68	67,09	67,37	1,85	3,67	1,3
CP9.700.20-C	CP9.700	70,1	69,03	67,97	68,62	68,78	1,07	2,13	0,54
CP9.700.10-C	CP9.700	70,1	68,69	67,97	68,28	68,54	1,41	2,13	0,2
CP9.700-CP9_	CP9_7	69,35	68,35	65,63	67,68	68,02	1	3,72	1,89
CP9.800.10-C	CP9.800	70,3	69,2	68,35	68,79	69,04	1,1	1,95	0,32
CP9.800.20-C	CP9.800	70,3	69,08	68,35	68,67	68,81	1,22	1,95	0,2
CP9.800-CP9_	CP9_8	69,65	68,65	65,8	67,99	68,27	1	3,85	2,02
CP9.900-CP9.	CP9.901	69,52	67,8	67,18	67,39	67,62	1,72	2,34	0,1
CP9.901-CP9_	CP9_8	69,65	67,65	65,85	67,13	67,45	2	3,8	1,17
CP9.1101-CP9	CP9.1100	69,6	68,42	67,7	68,01	68,14	1,18	1,9	0,2
CP9.1100-CP9	CP9_9	69,65	68,03	66,11	67,37	67,71	1,62	3,54	1,09

CP9.1000.10-	CP9.1000	70,3	69,3	68,37	68,89	69,11	1	1,93	0,41
CP9.1000.20-	CP9.1000	70,3	69,09	68,37	68,68	68,82	1,21	1,93	0,2
CP9.1000-CP9	CP9_10	69,8	68,8	66,33	68,14	68,46	1	3,47	1,64
CP9_12-CP9_1	CP9_11	69,4	68,4	66,67	67,89	68,13	1	2,73	1,1
CP9.1200-CP9	CP9_11	69,4	67,49	66,67	67,08	67,34	1,91	2,73	0,3
CP9_11-CP9_1	CP9_10	69,8	67,37	66,31	66,59	67,04	2,43	3,49	0,1
CP9_10-CP9_9	CP9_9	69,65	67,36	66,09	66,48	67,05	2,29	3,56	0,2
CP9_9-CP9_8	CP9_8	69,65	67,26	65,77	66,17	66,76	2,39	3,88	0,2
CP9_8-CP9_7	CP9_7	69,35	67,1	65,59	65,79	66,48	2,25	3,76	0
CP9_7-CP9_6	CP9_6	69,4	67,03	65,22	65,72	66,56	2,37	4,18	0,3
CP9_6-CP9_5	CP9_5	68,8	66,76	64,95	65,15	65,94	2,04	3,85	0
CP9_5-CP9_4	CP9_4	68,9	66,67	64,86	65,07	65,9	2,23	4,04	0
CP9_4-CP9_3	CP9_3	68,9	66,56	64,75	64,96	65,84	2,34	4,15	0
CP9_3-CP9_2	CP9_2	69,2	66,41	64,6	64,8	65,75	2,79	4,6	0
CP9_2-CP9_1	CP9_1	69,2	66,23	64,42	64,63	65,64	2,97	4,78	0
CP1.200-CP1.	CP1.200.1	70,75	69,01	68,28	68,6	68,87	1,74	2,47	0,2
CP1.200.1-CP	CP1.200.2	72,7	68,91	67,98	68,24	68,65	3,79	4,72	0,1
CP1.200.2-CP	CP1.200.3	70,79	68,78	67,71	67,99	68,47	2,01	3,08	0,1
CP1.200.3-CP	CP1.200.4	69,04	68,04	66,77	67,15	67,48	1	2,27	0,2
CP1.200.4-CP	CP1.200.5	69,25	67,9	66,61	66,81	67,32	1,35	2,64	0
CP1.200.5-CP	CP1_3	68,4	67,4	64,8	66,31	66,71	1	3,6	1,31

CP1.300.10-C	CP1.300	70,1	69,1	67,92	68,69	68,93	1	2,18	0,65
CP1.300.20-C	CP1.300	70,1	69,1	67,87	68,43	68,77	1	2,23	0,4
CP1.300-CP1_	CP1_4	67,9	66,9	65,3	65,81	66,08	1	2,6	0,31
CP1_7-CP1_6	CP1_6	68,4	67,4	66,47	66,89	67,16	1	1,93	0,3
CP1_6-CP1_5	CP1_5	68,6	67,21	65,94	66,33	66,82	1,39	2,66	0,2
CP1_5-CP1_4	CP1_4	67,9	66,79	65,3	65,7	66,3	1,11	2,6	0,2
CP1_4-CP1_3	CP1_3	68,4	66,6	64,79	65,3	66,13	1,8	3,61	0,3
CP1_3-CP1_2	CP1_2	67,89	66,39	63,06	64,78	65,72	1,5	4,83	1,51
CP1_2-C1800	C1800	68,04	64,72	62,57	62,79	63,56	3,32	5,47	0
C1800-C1800.	C1800.1	70,78	64,52	62,37	62,6	63,44	6,26	8,41	0
C1800.1-C180	C1800.2	70,75	64,33	62,18	62,41	63,25	6,42	8,57	0
C1800.2-C180	C1800.3	70,58	64,25	62,1	62,32	63,16	6,33	8,48	0
CP11_3-CP11_	CP11_2	69,97	68,59	67,86	68,17	68,41	1,38	2,11	0,2
CP11_2-T1-2	T1-2	70,3	68,42	65,93	67,76	68,2	1,88	4,37	1,66
T1-4-T1-3	T1-3	70,27	68,91	66,47	68,5	68,79	1,36	3,8	1,91
CP2_3-CP2_2	CP2_2	69,98	67,91	66,98	67,4	67,75	2,07	3	0,3
CP2_2-T1-3	T1-3	70,27	67,67	66,4	66,78	67,3	2,6	3,87	0,2
T1-3-T1-2	T1-2	70,3	67,39	65,9	66,29	66,92	2,91	4,4	0,2
T1-2-T1-1-2	T1-1-2	70,19	67,16	65,65	65,86	66,59	3,03	4,54	0
T1-1-2-T1-1-	T1-1-1	69,94	67,06	65,55	65,76	66,52	2,88	4,39	0
T1-1-1-T1-1	T1-1	70,35	67	63,96	65,69	66,47	3,35	6,39	1,53

T1-1-C1800.3	C1800.3	70,58	64,25	62,1	62,32	62,65	6,33	8,49	0
CP7_2-T2_2	T2_2	70,6	67,66	65,75	67,14	67,41	2,94	4,85	1,28
CP6_2-T2_3	T2_3	70,4	67,43	65,85	66,91	67,19	2,97	4,55	0,95
CP5_10.10-CP	CP5_10	69,5	67,66	67,04	67,25	67,46	1,84	2,46	0,1
CP5_10-CP5_2	CP5_2	69,7	67,61	66,56	67,1	67,33	2,09	3,14	0,42
CP5_20-CP5_3	CP5_3	69	67,9	66,98	67,49	67,62	1,1	2,02	0,4
CP5_5-CP5_4	CP5_4	69,2	67,91	67,29	67,5	67,69	1,29	1,91	0,1
CP5_4-CP5_3	CP5_3	69	67,71	66,98	67,19	67,5	1,29	2,02	0,1
CP5_3-CP5_2	CP5_2	69,7	67,54	66,51	66,88	67,29	2,16	3,19	0,2
CP5_2-T2_4	T2_4	70	67,32	65,84	66,44	66,91	2,68	4,16	0,41
CP10_3-CP10_	CP10_2_1	70,19	69,17	68,65	68,76	68,87	1,02	1,54	0
CP10_2_1-CP1	CP10_2	70,3	69,1	68,58	68,69	68,82	1,2	1,72	0
CP10_2-CP10_	CP10_2_1	70,24	68,95	68,43	68,54	68,76	1,29	1,81	0
CP10_2_1-T2_	T2_7	70,3	68,92	68,29	68,51	68,74	1,38	2,01	0,1
T2_7-T2_6	T2_6	70,2	68,82	67,05	68,31	68,57	1,38	3,15	1,15
CP3_10-CP3_2	CP3_2	70,3	68,74	67,43	68,32	68,57	1,56	2,87	0,79
CP3_3-CP3_2	CP3_2	70,3	68,25	67,43	67,84	68,05	2,05	2,87	0,3
CP3_2-T2_6	T2_6	70,2	68,04	66,98	67,26	67,65	2,16	3,22	0,1
T2_6-T2_5	T2_5	70,5	67,81	66,24	66,92	67,43	2,69	4,26	0,5
CP4_10-CP4_2	CP4_2	69,7	68,69	67,06	68,28	68,42	1,01	2,64	1,11
CP4_3-CP4_2	CP4_2	69,7	67,78	67,06	67,37	67,6	1,92	2,64	0,2

CP4_2-T2_5	T2_5	70,5	67,49	66,26	66,83	67,24	3,01	4,24	0,4
T2_5-T2_4	T2_4	70	67,32	65,83	66,23	66,82	2,68	4,17	0,2
T2_4-T2_3	T2_3	70,4	67,27	65,76	65,96	66,66	3,13	4,64	0
T2_3-T2_2	T2_2	70,6	67,17	65,66	65,86	66,63	3,43	4,94	0
T2_2-T2_1a	T2_1[a]	70,07	67	65,49	65,7	66,55	3,07	4,58	0
T2_1a-T2_1	T2_1	70,24	66,88	65,37	65,58	66,44	3,36	4,87	0

Generales

ID	Sector	Intensidad	Coef. Perm.	Tipo de Tub.
CP9.100-CP9_	APS9	88,03	0,3	New
CP9.200-CP9.	APS9	88,03	0,3	New
CP9.201-CP9_	APS9	88,03	0,3	New
CP9.300-CP9.	Tronco 2	88,03	0,3	New
CP9.301-CP9_	APS9	88,03	0,3	New
CP9.400-CP9.	Tronco 2	88,03	0,3	New
CP9.401-CP9_	APS9	88,03	0,3	New
CP9.500-CP9_	APS9	88,03	0,3	New
CP9.600-CP9_	APS9	88,03	0,3	New
CP9.800.10-C	APS9	88,03	0,3	New
CP9.800.20-C	APS9	88,03	0,3	New
CP9.800-CP9_	APS9	88,03	0,3	New
CP9.900-CP9.	APS9	88,03	0,3	New
CP9.901-CP9_	APS9	88,03	0,3	New
CP9.1101-CP9	Tronco 2	88,03	0,3	New
CP9.1100-CP9	APS9	88,03	0,3	New
CP9.1000.10-	APS9	88,03	0,3	New
CP9.1000.20-	APS9	88,03	0,3	New
CP9.1000-CP9	APS9	88,03	0,3	New
CP9_12-CP9_1	APS9	88,03	0,3	New
CP9.1200-CP9	APS9	88,03	0,3	New
CP9_11-CP9_1	APS9	88,03	0,3	New
CP9_10-CP9_9	APS9	88,03	0,3	New
CP9_9-CP9_8	APS9	88,03	0,3	New
CP9_8-CP9_7	APS9	88,03	0,3	New
CP9_7-CP9_6	APS9	88,03	0,3	New
CP9_6-CP9_5	APS9	88,03	0,3	New
CP9_5-CP9_4	APS9	88,03	0,3	New
CP9_4-CP9_3	APS9	88,03	0,3	New
CP9_3-CP9_2	APS9	88,03	0,3	New
CP9_2-CP9_1	APS9	88,03	0,3	New

CP1.200-CP1.	APS1	88,03	0,7	New
CP1.200.1-CP	APS1	88,03	0,7	New
CP1.200.2-CP	APS1	88,03	0,7	New
CP1.200.3-CP	APS1	88,03	0,7	New
CP1.200.4-CP	APS1	88,03	0,7	New
CP1.200.5-CP	APS1	88,03	0,7	New
CP1.300.10-C	APS1	88,03	0,7	New
CP1.300.20-C	APS1	88,03	0,7	New
CP1.300-CP1_	APS1	88,03	0,7	New
CP1_7-CP1_6	APS1	88,03	0,7	New
CP1_6-CP1_5	APS1	88,03	0,7	New
CP1_5-CP1_4	APS1	88,03	0,7	New
CP1_4-CP1_3	APS1	88,03	0,7	New
CP1_3-CP1_2	APS1	88,03	0,7	New
CP1_2-C1800	APS1	88,03	0,7	Exis
C1800-C1800.	APS1	88,03	0,7	Exis
C1800.1-C180	APS1	88,03	0,7	Exis
C1800.2-C180	APS1	88,03	0,7	Exis
CP11_3-CP11_	Tronco 1	88,03	0,7	New
CP11_2-T1-2	Tronco 1	88,03	0,7	New
T1-4-T1-3	Tronco 1	88,03	0,7	New
CP2_3-CP2_2	Tronco 1	88,03	0,7	New
CP2_2-T1-3	Tronco 1	88,03	0,7	New
T1-3-T1-2	Tronco 1	88,03	0,7	New
CP6_2-T2_3	Tronco 2	88,03	0,3	New
CP5_10.10-CP	Tronco 2	88,03	0,3	New
CP5_10-CP5_2	Tronco 2	88,03	0,3	New
CP5_20-CP5_3	Tronco 2	88,03	0,3	New
CP5_5-CP5_4	Tronco 2	88,03	0,3	New
CP5_4-CP5_3	Tronco 2	88,03	0,3	New
CP5_3-CP5_2	Tronco 2	88,03	0,3	New
CP5_2-T2_4	Tronco 2	88,03	0,3	New
CP10_3-CP10_	Tronco 2	88,03	0,3	New

CP10_2_1-CP1	Tronco 2	88,03	0,3	New
CP10_2-CP10_	Tronco 2	88,03	0,3	New
CP10_2_1-T2_	Tronco 2	88,03	0,3	New
T2_7-T2_6	Tronco 2	88,03	0,3	New
CP3_10-CP3_2	Tronco 2	88,03	0,3	New
CP3_3-CP3_2	Tronco 2	88,03	0,3	New
CP3_2-T2_6	Tronco 2	88,03	0,3	New
T2_6-T2_5	Tronco 2	88,03	0,3	New
CP4_10-CP4_2	Tronco 2	88,03	0,3	New
CP4_3-CP4_2	Tronco 2	88,03	0,3	New
CP4_2-T2_5	Tronco 2	88,03	0,3	New
T2_5-T2_4	Tronco 2	88,03	0,3	New
T2_4-T2_3	Tronco 2	88,03	0,3	New
T2_2-T2_1a	Tronco 2	88,03	0,3	New
T2_1a-T2_1	Tronco 2	88,03	0,3	New

Anexo 15

Lista de precios por metro lineal para tubos de PEAD suministrados por (UTGSL 2012) para tubos de PEAD y PN-6/SDR 26. Fabricante CENTRALPLAST, Portugal.

D (mm)	Precios	
	€/m	AKZ/m
50	1,13	151,1002
63	1,78	238,0163
75	2,44	326,2695
90	3,55	474,6954
110	5,22	698,0027
125	6,7	895,9039
140	8,44	1128,571
160	11,08	1481,584
180	13,8	1845,295
200	17,13	2290,572
225	21,52	2877,59
250	26,66	3564,895
280	33,25	4446,09
315	42,38	5666,926
355	53,61	7168,568
400	67,74	9057,99
450	85,85	11479,6
500	105,78	14144,58
560	132,58	17728,2
630	168,08	22475,15
710	213,73	28579,33
800	270,96	36231,96
900	345,59	46211,26
1000	427,46	57158,67
1200	612,2	81861,55

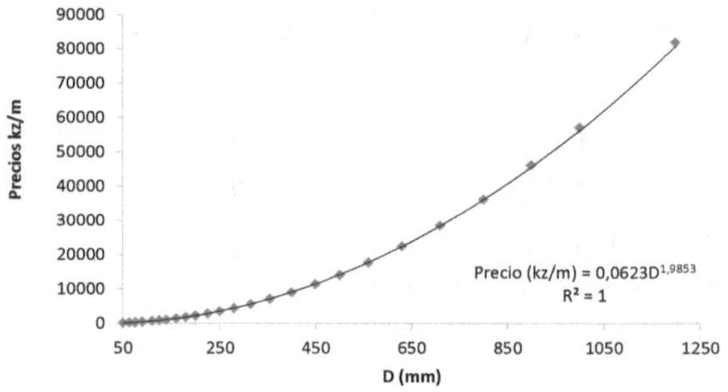

Notas:

1. Conversión de euros a kwanzas: 1 €=134 AKZ
2. Tubos disponibles en rollos de 100 metros hasta el diámetro de 90 mm, en rollos de 50 metros para el diámetro de 110 mm y en tramos de 6 o 12 metros para los restantes diámetros.

Anexo 16

Resultados de la ejecución del modelo SWMM.

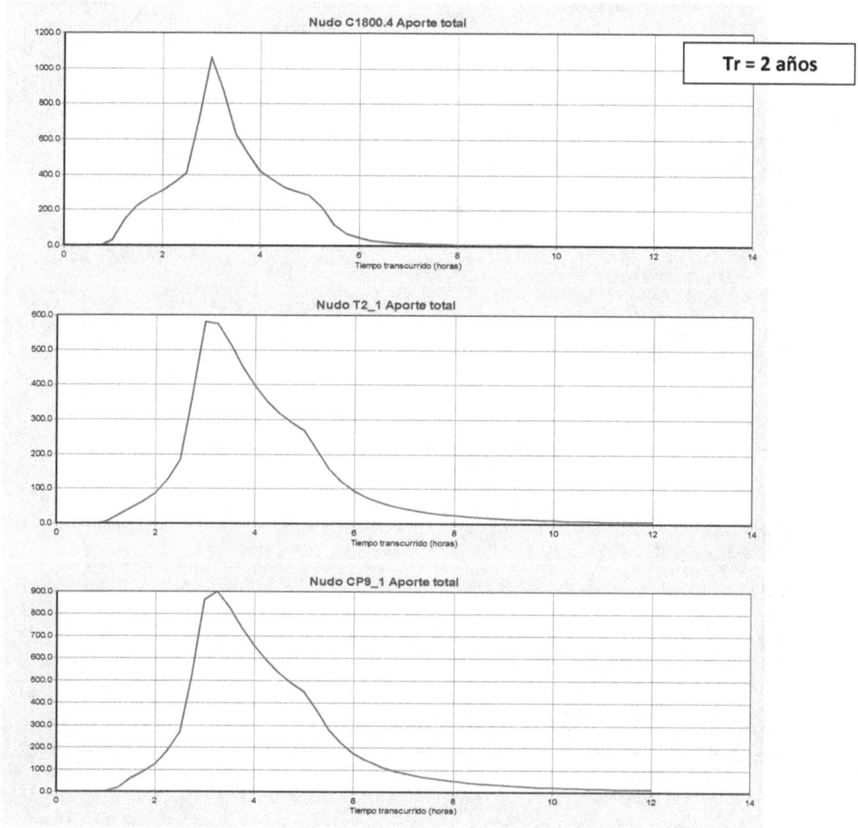

Tr = 5 años

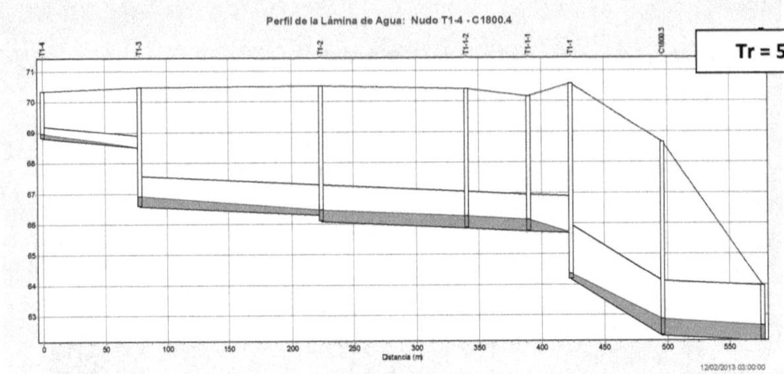

Perfil de la Lámina de Agua: Nudo T1-4 - C1800.4
T1-4
T1-3
T1-2
T1-1-2
T1-1-1
T1-1
Distancia (m)
12/02/2013 03:00:00

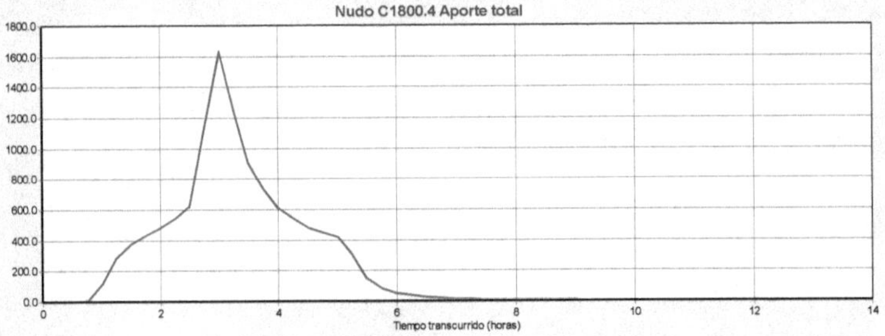

Nudo C1800.4 Aporte total
Tiempo transcurrido (horas)

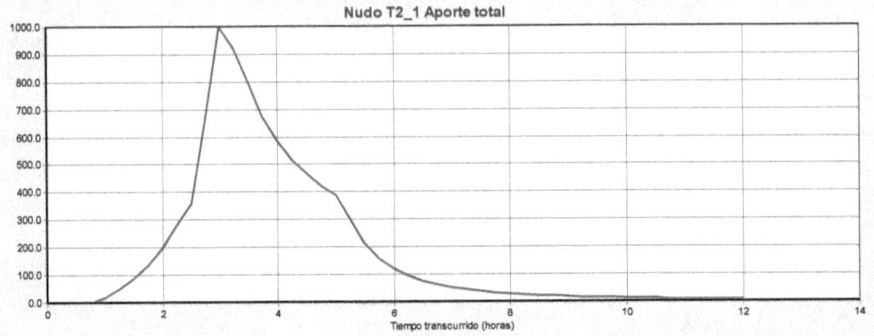

Nudo T2_1 Aporte total
Tiempo transcurrido (horas)

Tr = 20 años

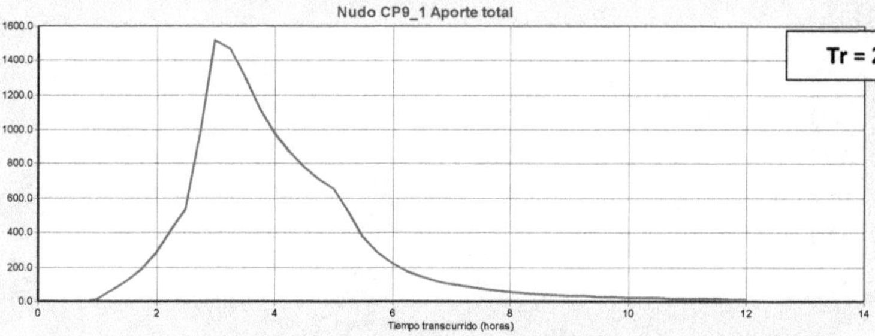
Nudo CP9_1 Aporte total
1600.0
1400.0
1200.0
1000.0
800.0
600.0
400.0
200.0
0.0
0
2
4
6
8
10
12
14
Tiempo transcurrido (horas)

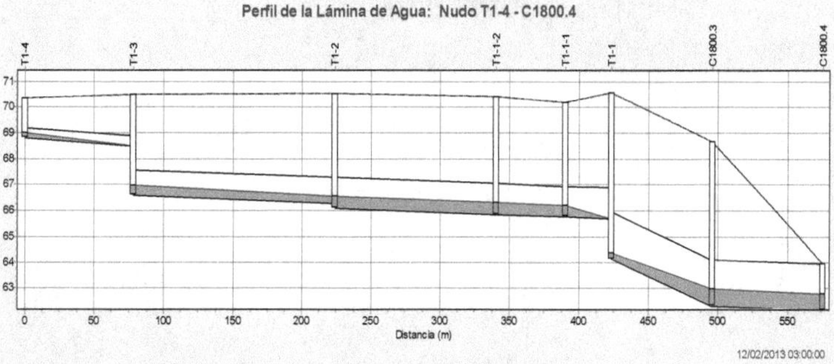
Perfil de la Lámina de Agua: Nudo T1-4 - C1800.4
T1-4
T1-3
T1-2
T1-1-2
T1-1-1
T1-1
C1800.3
C1800.4
71
70
69
68
67
66
65
64
63
0
50
100
150
200
250
300
350
400
450
500
550
Distancia (m)
12/02/2013 03:00:00

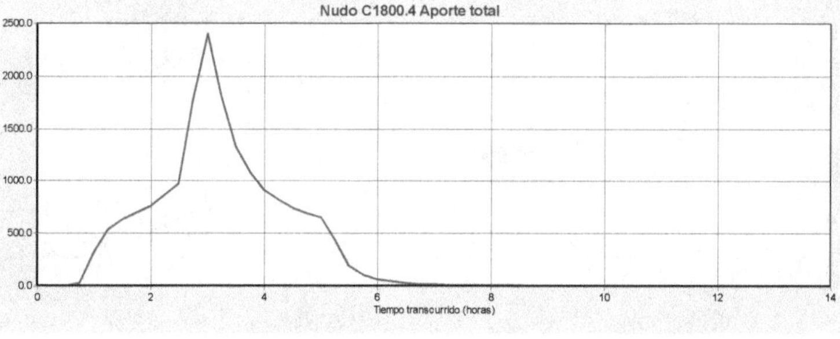
Nudo C1800.4 Aporte total
2500.0
2000.0
1500.0
1000.0
500.0
0.0
0
2
4
6
8
10
12
14
Tiempo transcurrido (horas)

Nudo T2_1 Aporte total

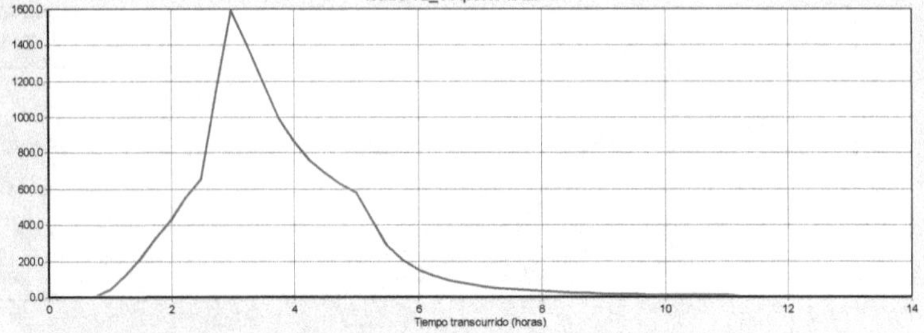

Nudo CP9_1 Aporte total

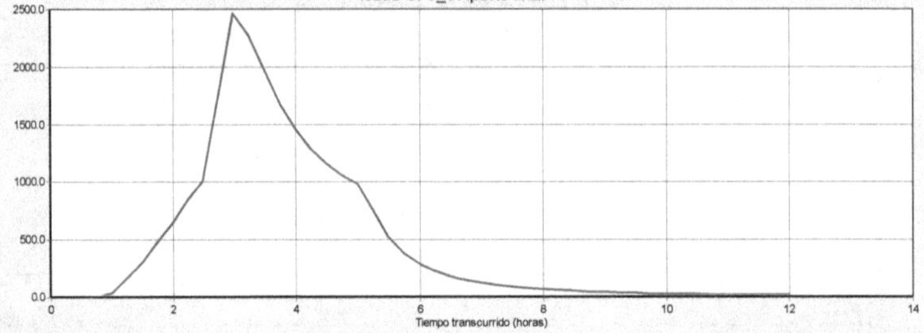

Perfil de la Lámina de Agua: Nudo T1-4 - C1800.4

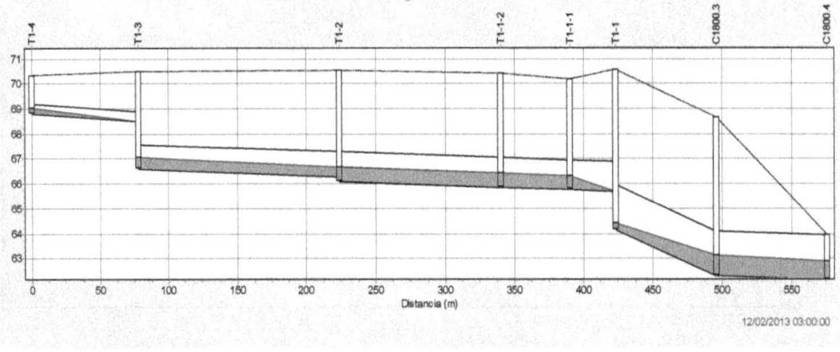

Tr = 25 años

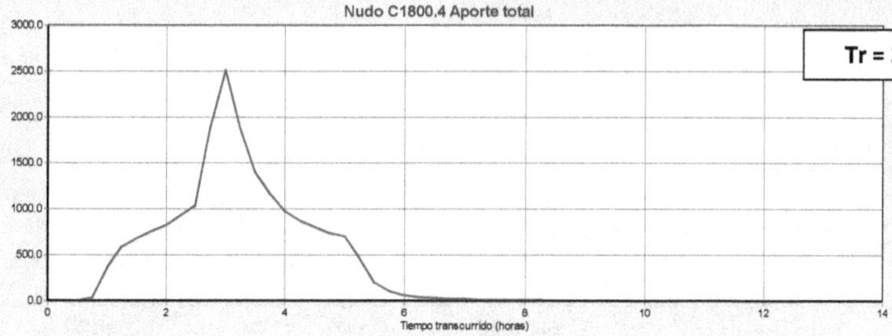
Nudo C1800.4 Aporte total
3000.0
2500.0
2000.0
1500.0
1000.0
500.0
0.0
0
2
4
6
8
10
12
14
Tiempo transcurrido (horas)

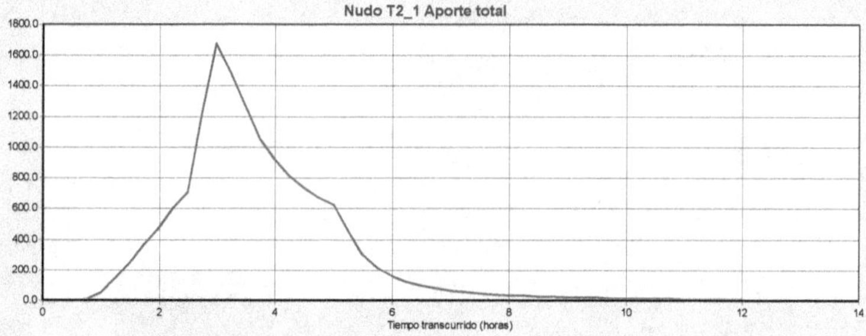
Nudo T2_1 Aporte total
1800.0
1600.0
1400.0
1200.0
1000.0
800.0
600.0
400.0
200.0
0.0
0
2
4
6
8
10
12
14
Tiempo transcurrido (horas)

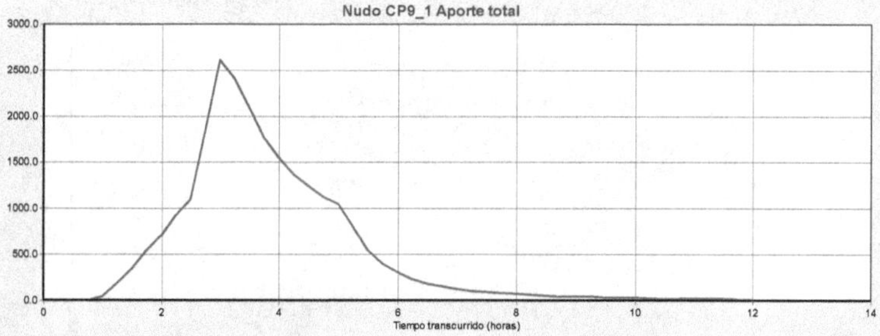
Nudo CP9_1 Aporte total
3000.0
2500.0
2000.0
1500.0
1000.0
500.0
0.0
0
2
4
6
8
10
12
14
Tiempo transcurrido (horas)

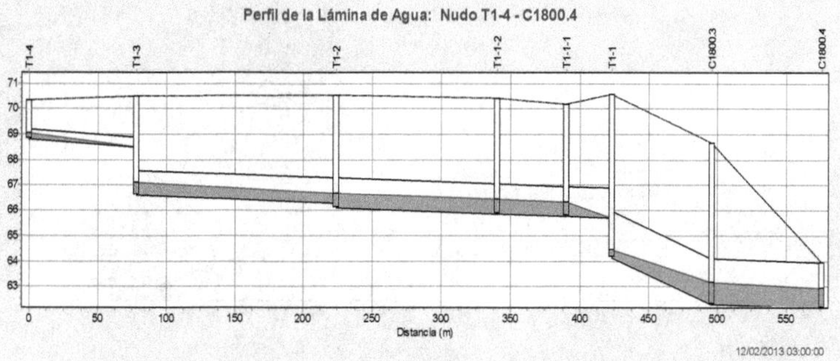
Perfil de la Lámina de Agua: Nudo T1-4 - C1800.4
T1-4
T1-3
T1-2
T1-1-2
T1-1-1
T1-1
C1800.3
C1800.4
71
70
69
68
67
66
65
64
63
0
50
100
150
200
250
300
350
400
450
500
550
Distancia (m)
12/02/2013 03:00:00

Tr = 50 años

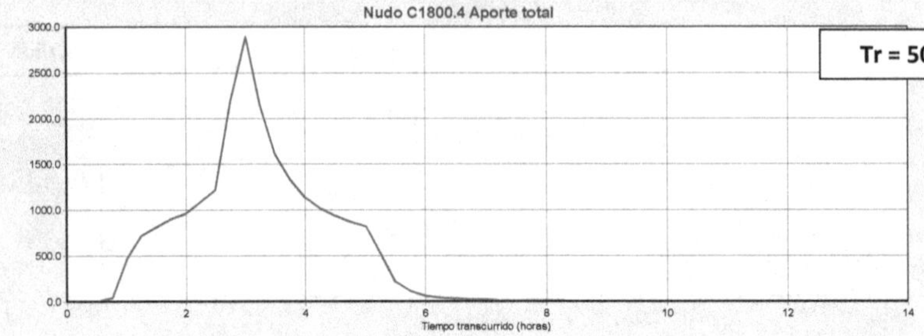
Nudo C1800.4 Aporte total
Tiempo transcurrido (horas)

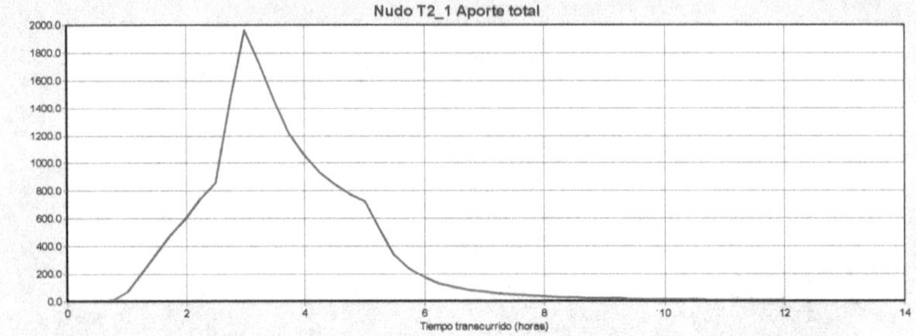
Nudo T2_1 Aporte total
Tiempo transcurrido (horas)

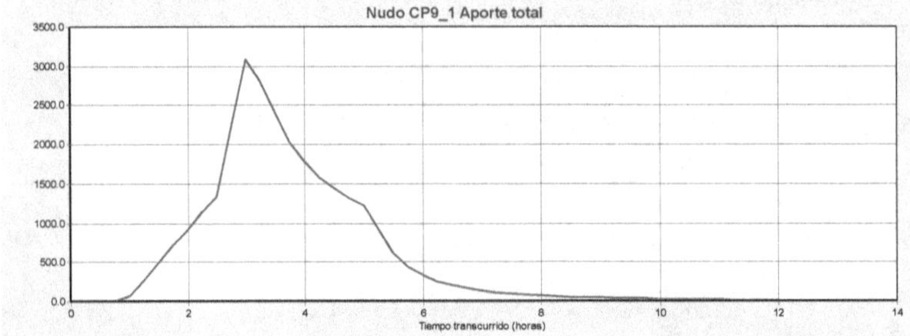
Nudo CP9_1 Aporte total
Tiempo transcurrido (horas)

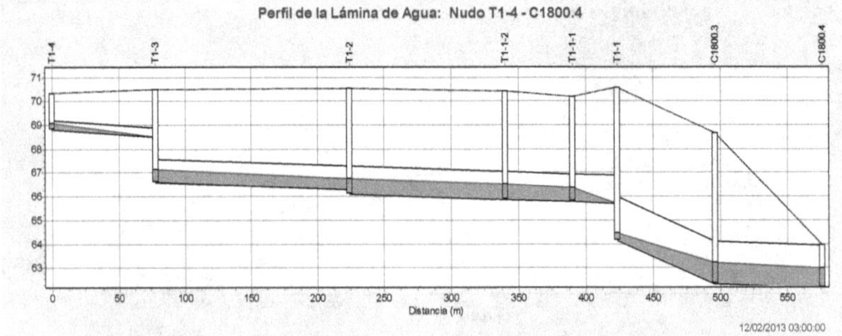
Perfil de la Lámina de Agua: Nudo T1-4 - C1800.4
T1-4
T1-3
T1-2
T1-1-2
T1-1-1
T1-1
C1800.3
C1800.4
Distancia (m)
12/02/2013 03:00:00

Tr = 100 años

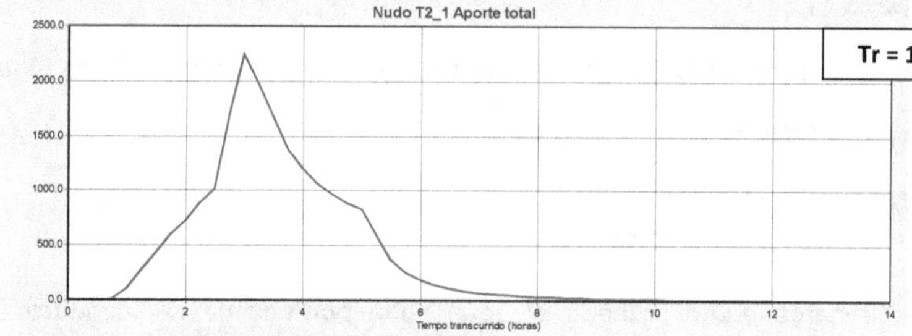

Nudo T2_1 Aporte total
2500.0
2000.0
1500.0
1000.0
500.0
0.0
0
2
4
6
8
10
12
14
Tiempo transcurrido (horas)

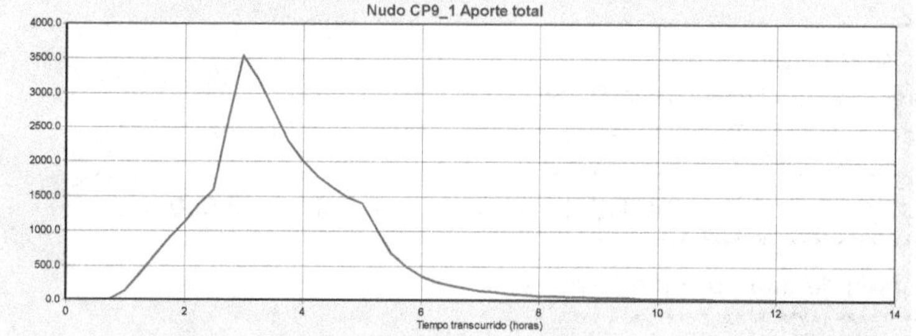

Nudo CP9_1 Aporte total
4000.0
3500.0
3000.0
2500.0
2000.0
1500.0
1000.0
500.0
0.0
0
2
4
6
8
10
12
14
Tiempo transcurrido (horas)

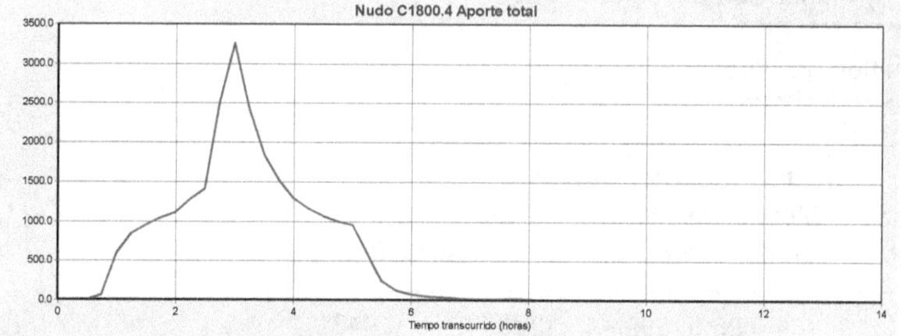

Nudo C1800.4 Aporte total
3500.0
3000.0
2500.0
2000.0
1500.0
1000.0
500.0
0.0
0
2
4
6
8
10
12
14
Tiempo transcurrido (horas)

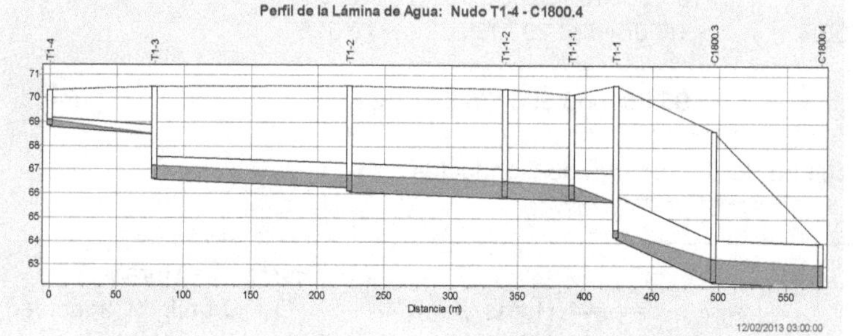

Perfil de la Lámina de Agua: Nudo T1-4 - C1800.4
T1-4
T1-3
T1-2
T1-1-2
T1-1-1
T1-1
C1800.3
C1800.4
71
70
69
68
67
66
65
64
63
0
50
100
150
200
250
300
350
400
450
500
550
Distancia (m)
12/02/2013 03:00:00

Anexo 17

Resumen de sobrecargas en nodos y conductos para Tr= 10 años dados por SWMM.

****

Resumen de Sobrecarga en Nodos

****

La sobrecarga ocurre cuando el agua sube por encima del conducto más elevado.

Nodo	Tipo	Horas en carga	Máx. Altura sobre Tope Metros	Mín. Nivel bajo Base Metros
CP10_2_2	JUNCTION	12.00	0.000	2.000

****

Resumen de Inundación en Nodos

****

No hay inundación en ningún nodo.

****

Resumen de Vertidos

****

Nodo de Vertido	Frec. Vertido % Porc.	Caudal Medio LPS	Caudal Máximo LPS	Volumen Total 10^6 ltr
T2_1	96.91	399.44	1328.72	9.943
CP9_1	96.80	648.75	2066.58	16.283
C1800.4	96.85	520.69	2036.66	12.925
Sistema	96.85	1568.89	5428.31	39.151

****

Resumen de Sobrecarga de Conductos

****

Conduit	Horas Lleno Ambos Ext	Horas Lleno Ext.Ini.	Horas Lleno Ext.Fin.	Horas Q > Q unif. Tubo Lleno	Horas Capacidad Limitada
61	0.01	0.01	0.01	1.52	0.01

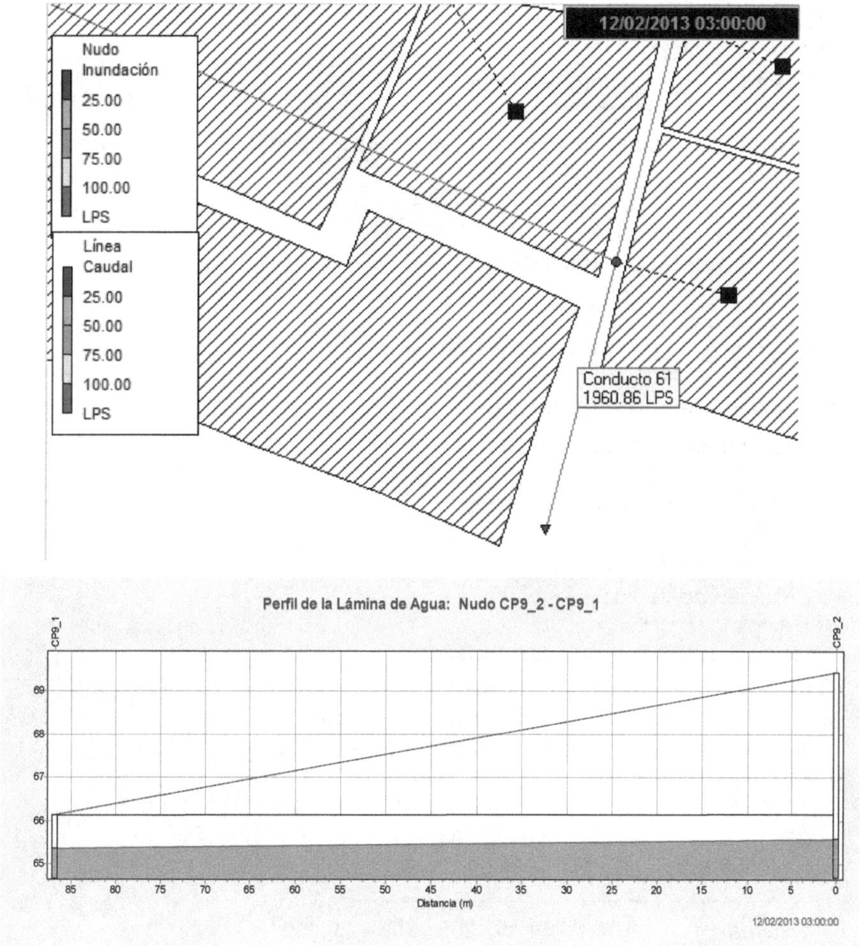

Detalle en planta y perfil del conducto 61 (Tramo CP9_2-CP9_1)

Anexo 18

Resumen de sobrecarga en nodos y conductos para diferentes Tr.

T_r = 2 años

****

Resumen de Sobrecarga en Nodos

****

La sobrecarga ocurre cuando el agua sube por encima del conducto más elevado.

Nodo	Tipo	Horas en carga	Altura sobre Tope Máx. Metros	Nivel bajo Base Mín. Metros
CP10_2_2	JUNCTION	12.00	0.000	2.000

****

Resumen de Inundación en Nodos

****

No hay inundación en ningún nodo.

****

Resumen de Vertidos

****

Nodo de Vertido	Frec. Vertido % Porc.	Caudal Medio LPS	Caudal Máximo LPS	Volumen Total 10^6 ltr
T2_1	96.25	192.39	622.86	5.172
CP9_1	96.08	310.85	945.42	8.442
C1800.496.20	261.21	1088.09	7.042	
Sistema	96.18	764.45	2651.75	20.656

****

Resumen de Sobrecarga de Conductos

****

Ningún conducto ha entrado en carga.

T_r= 5 años

****

Resumen de Sobrecarga en Nodos

****

La sobrecarga ocurre cuando el agua sube por encima del conducto más elevado.

Nodo	Tipo	Horas en carga	Máx. Altura sobre Tope Metros	Mín. Nivel bajo Base Metros
CP10_2_2	JUNCTION	12.00	0.000	2.000

****

Resumen de Inundación en Nodos

****

No hay inundación en ningún nodo.

****

Resumen de Vertidos

****

Nodo de Vertido	Frec. Vertido % Porc.	Caudal Medio LPS	Caudal Máximo LPS	Volumen Total 10^6 ltr
T2_1	96.70	315.84	1044.82	8.029
CP9_1	96.57	512.23	1611.24	13.137
C1800.4	96.64	415.54	1656.03	10.566
Sistema	96.64	1243.62	4308.20	31.732

****

Resumen de Sobrecarga de Conductos

****

Conduit	Horas Lleno Ambos Ext	Horas Lleno Ext.Ini.	Horas Lleno Ext.Fin.	Horas Q > Q unif. Tubo Lleno	Horas Capacidad Limitada
61	0.01	0.01	0.01	1.03	0.01

T_r = 20 años

****

Resumen de Sobrecarga en Nodos

****

La sobrecarga ocurre cuando el agua sube por encima del conducto más elevado.

Nodo	Tipo	Horas en carga	Máx. Altura sobre Tope Metros	Mín. Nivel bajo Base Metros
CP10_2_2	JUNCTION	12.00	0.000	2.000

****

Resumen de Inundación en Nodos

****

No hay inundación en ningún nodo.

****

Resumen de Vertidos

****

Nodo de Vertido	Frec. Vertido % Porc.	Caudal Medio LPS	Caudal Máximo LPS	Volumen Total 10^6 ltr
T2_1	97.15	509.19	1636.57	12.547
CP9_1	97.06	828.30	2568.88	20.566
C1800.4	97.08	658.08	2422.69	16.135
Sistema	97.10	1995.57	6624.77	49.247

****

Resumen de Sobrecarga de Conductos

****

Conduit	Horas Lleno Ambos Ext	Horas Lleno Ext.Ini.	Horas Lleno Ext.Fin.	Horas Q > Q unif. Tubo Lleno	Horas Capacidad Limitada
61	0.01	0.01	0.01	2.14	0.01

T_r = 25 años

****

Resumen de Sobrecarga en Nodos

****

La sobrecarga ocurre cuando el agua sube por encima del conducto más elevado.

Nodo	Tipo	Horas en carga	Máx. Altura sobre Tope Metros	Mín. Nivel bajo Base Metros
CP10_2_2	JUNCTION	12.00	0.000	2.000

****

Resumen de Inundación en Nodos

****

No hay inundación en ningún nodo.

****

Resumen de Vertidos

****

Nodo de Vertido	Frec. Vertido % Porc.	Caudal Medio LPS	Caudal Máximo LPS	Volumen Total 10^6 ltr
T2_1	97.21	544.52	1727.01	13.376
CP9_1	97.12	886.25	2716.85	21.930
C1800.4	97.13	702.46	2534.34	17.156
Sistema	97.15	2133.23	6974.49	52.462

****

Resumen de Sobrecarga de Conductos

****

Conduit	--------- Horas Lleno ------- Ambos Ext	Ext.Ini.	Ext.Fin.	Horas Q > Q unif. Tubo Lleno	Horas Capacidad Limitada
30	0.01	0.01	0.01	0.04	0.01
61	0.01	0.01	0.01	2.43	0.01

T_r = 50 años

****

Resumen de Sobrecarga en Nodos

****

La sobrecarga ocurre cuando el agua sube por encima del conducto más elevado.

Nodo	Tipo	Horas en carga	Máx. Altura sobre Tope Metros	Mín. Nivel bajo Base Metros
CP9.200	JUNCTION	0.15	0.053	1.127
CP10_2_2	JUNCTION	12.00	0.000	2.000
CP10_2	JUNCTION	0.33	0.013	1.537

****

Resumen de Inundación en Nodos

****

No hay inundación en ningún nodo.

****

Resumen de Vertidos

****

Nodo de Vertido	Frec. Vertido % Porc.	Caudal Medio LPS	Caudal Máximo LPS	Volumen Total 10^6 ltr
T2_1	97.35	647.00	2014.43	15.703
CP9_1	97.27	1053.80	3180.17	25.758
C1800.4	97.27	831.54	2910.12	20.025
Sistema	97.30	2532.34	8099.94	61.486

****

Resumen de Sobrecarga de Conductos

****

Conduit	--------- Horas Lleno ------ Ambos Ext	Ext.Ini.	Ext.Fin.	Horas Q > Q unif. Tubo Lleno	Horas Capacidad Limitada
14	0.01	0.01	0.01	0.37	0.01
15	0.01	0.01	0.01	0.36	0.01
25	0.01	0.01	0.01	0.10	0.01
29	0.01	0.01	0.01	0.06	0.01

30	0.01	0.01	0.01	0.37	0.01
31	0.01	0.01	0.01	0.28	0.01
61	0.01	0.01	0.01	2.97	0.01
82	0.01	0.01	0.01	0.35	0.01

T_r = 100 años

****

Resumen de Inundación en Nodos

****

Inundación se refiere a toda el agua que rebosa de un nodo, quede estancada.

Instante en Caudal Horas Nodo	Volumen que sucede Máximo Inundado	Volumen Total el Máximo LPS	Máximo Inund. días hr:min	Estanc. 10^6 ltr	ha-mm
CP9.200	0.01	7.49	0 02:53	0.000	0.00

****

Resumen de Vertidos

****

Nodo de Vertido	Frec. Vertido % Porc.	Caudal Medio LPS	Caudal Máximo LPS	Volumen Total 10^6 ltr
T2_1	97.47	754.50	2298.28	18.090
CP9_1	97.40	1229.76	3639.69	29.685
C1800.4	97.40	966.72	3272.71	22.965
Sistema	97.42	2950.98	9208.46	70.741

****

Resumen de Sobrecarga de Conductos
****

Horas Horas

--------- Horas Lleno ------- Q > Q unif. Capacidad

Conduit Ambos Ext Ext.Ini. Ext.Fin. Tubo Lleno Limitada

10	0.01	0.01	0.01	0.29	0.01
11	0.01	0.01	0.01	0.07	0.01
13	0.01	0.01	0.01	0.34	0.01
14	0.01	0.01	0.01	0.63	0.01
15	0.01	0.01	0.01	0.61	0.01
24	0.01	0.01	0.01	0.11	0.01
25	0.01	0.01	0.01	0.39	0.01
26	0.01	0.01	0.01	0.11	0.01
27	0.01	0.01	0.01	0.07	0.01
29	0.16	0.16	0.17	0.36	0.16
30	0.01	0.01	0.01	0.57	0.01
31	0.01	0.01	0.01	0.51	0.01
54	0.01	0.01	0.01	0.25	0.01
61	0.01	0.01	0.01	3.28	0.01
62	0.01	0.01	0.01	0.06	0.01
73	0.01	0.01	0.01	0.25	0.01
82	0.01	0.01	0.01	0.76	0.01

Anexo 19

Presupuesto general para la construcción de la red de drenaje pluvial de Marçal.

Presupuesto general para la construcción de la red de drenaje pluvial de Marçal					
Actividades	**Unidad**	**Cantidad**	**Precio unitario (AKZ)**	**Total (AKZ)**	**Total (USD)**
Trazado y nivelación	m	9200,54	60	552032,4	5520,324
Trazado para registros	Unidad	109	460	50140	501,4
Excavación para zanjas y registros	m^3	39893,38	1140	45478453,2	454784,532
Apuntalamiento en registro (prof> 2,5 m)	m^2	1893,281	1143	2164019,969	21640,1997
Apuntalamiento en zanja (prof> 2,5 m)	m^2	18318,06	1143	20937542,58	209375,426
Relleno manual	m^3	8716,62	550	4794141	47941,41
Relleno y compactado con material existente	m^3	23393,93	2000	46787860	467878,6
Compactación con material selecto para zanja	m^3	1216,14	1800	2189052	21890,52
Suministro de tubería	m	9200,54	-	358300069,6	3583000,7
Colocación de tubería	m	9200,54	-	630608122,5	6306081,22
Construcción de fondo de registro	Unidad	109	8100	882900	8829
Construcción de cilindro de registro	m	285,35	16000	4565600	45656
Desalojo de material sobrante con transporte	m^3	7782,83	700	5447981	54479,81
Cajas	Unidad	109	6000	654000	6540
Tapas de hierro fundido (HoFo)	Unidad	109	12000	1308000	13080
COSTO DIRECTO (AKZ/USD)				1124719914	11247199,1
COSTO INDIRECTO (AKZ/USD, 33-50% y se escoge 40%)				449887965,7	4498879,66
COSTO TOTAL DE LA RED (AKZ/USD)				1574607880	15746078,8

Nota: Los precios unitarios fueron suministrados por UTGSL (2012). Las cantidades fueron determinadas para la variante de diseño obtenida a partir de la aplicación de SewerUp. En este caso no se ha incorporado el IVA, el cual deberá agregarse al monto final.

Kolibri 360 GmbH
Ferdinand-Jühlke-Straße 7
99095 Erfurt, Deutschland
produktsicherheit@kolibri360.de

Druck:
CPI Druckdienstleistungen GmbH
im Auftrag der
Kolibri 360 GmbH
Ferdinand-Jühlke-Str. 7
99095 Erfurt